KB032882

부모와 아이가 함께 알고 함께 쓰는

짝꿍 사자성어

부모와 아이가 함께 알고 함께 쓰는

짝꿍 사자성어

2022년 06월 15일 초판 01쇄 인쇄
2022년 06월 27일 초판 01쇄 발행

글 강민경·인정림
그림 박수미

발행인 이규상 편집인 임현숙
편집팀장 김은영 편집팀 문지연 이은영 강정민 황유라 정윤정
디자인팀 최희민 권지혜 두형주
마케팅팀 이성수 김별 김능연 강소희 이채영
경영관리팀 강현덕 김하나 이순복

펴낸곳 (주)백도씨
출판등록 제2012-000170호(2007년 6월 22일)
주소 03044 서울시 종로구 효자로7길 23, 3층(통의동 7-33)
전화 02 3443 0311(편집) 02 3012 0117(마케팅) 팩스 02 3012 3010
이메일 book@100doci.com(편집·원고 투고) valva@100doci.com(유통·사업 제휴)
포스트 post.naver.com/100doci 블로그 blog.naver.com/100doci
인스타그램 @growing__i

ISBN 978-89-6833-380-4 13590

부모와 아이가 함께 알고 함께 쓰는

짝꿍 사자성어

큰짝꿍책

글 강민경 · 인정림
그림 박수미

물주는아이

여는 글

영원한 짝꿍, 나의 아들딸에게

너를 얻고 세상이 완전히 변했단다. 내 이름 대신 네 이름을 붙인 “○○ 엄마”, “○○ 아빠”라는 호칭이 새로 생겼고, 나의 시간은 너를 중심으로 구성되기 시작했단다. 네가 잠든 시간에 후다닥 일을 했고, 네가 밥 먹을 시간에는 아무것도 하지 않았지. 네가 웃으면 세상이 환해졌고, 네가 아프면 온 세상이 캄캄해지는 것 같았단다.

네가 자라면서 웃음소리도 커졌지만, 나의 걱정도 많아졌다. 내가 아는 좋은 것은 다 너에게 주고 싶었고, 나쁜 것은 네가 모르게 하고 싶었다. 위험한 곳에는 가지 못하게 했고, 칭찬과 좋은 말만 듣도록 반듯하고 알차게 키우고 싶었단다. 그런 만큼 잔소리가 많아졌겠지. 너는 부모의 말이라면 다 잔소리 같아서 듣기 지겨워졌을 테고, 난 점점 귀를 막는 너에게 더욱 길고 딱딱한 이야기를 늘어놓고 있었다.

그러다 문득 서로 다른 이야기를 하고 있는 우리를 발견했단다. 각자 다른 이야기를 하며, 서로의 말은 듣지 않는 우리가 안타까웠지. 그래서 너와 같은 이야기를 해 보기로 했단다. 같은 이야기를 읽고 그에 대한 감상을 나눠 보면 우리의 벽이 점점 사라지지 않을까 싶었지.

많이 쓰이는 중요한 사자성어를 골라 하루에 하나씩 읽고 쓸 수 있게 했단다. 사자성어란 단순히 한자로 이루어진 고리타분한 말이 아니라, 재미있는 이야기에 옛사람들의 지혜와 통

찰이 들어 있는 단어란다. 사자성어의 뜻과 유래를 읽고 쓰면서 익히고, 그 단어가 사용되는 용례도 살펴보았다.

그 단어에 관련된 이야기로 너를 키우며 새겨 둘 기억, 후회되었던 점과 좋았던 점을 되짚어 보았다. 너에게 들려주고 싶은 이야기를 차곡차곡 쓰고, 너랑 함께하고 싶은 질문과 게임을 만들며, 나는 잔소리 부모에서 오순도순 알콩달콩 이야기를 나누는 너의 짝꿍이 되어 가는 것 같았단다. 하루에 하나씩 같은 글을 보며 이런저런 이야기를 하다 보면, 어느덧 우리는 서로를 마주 보며 속마음까지 나누는 짝꿍이 되어 있을 거야.

네가 이 세상을 살면서 넘어지지 않을 수는 없겠지만, 넘어지더라도 툭툭 털고 일어날 수 있는 힘을 키우길 간절히 기도한다. 그 힘을 키우는 데 너와 내가 나눈 이 이야기들이 보탬이 되리라 믿는다. 나의 어제가 너의 오늘과 내일에 디딤돌이 되기를 바라고 또 바란다.

사랑한다, 나의 영원한 짝꿍아!

햇살이 너의 웃음처럼 화사한 날,

강민경

차례

이 책의 구성 및 활용법

하루 30분, 30일의 기적! 함께하면 더 쉽고 재미있는 《짝꿍 사자성어》
같은 주제 두 권의 책, 부모가 보는 큰짝꿍책 아이가 보는 작은짝꿍책

주제	구분	구성
사자성어	큰짝꿍책 (학부모용)	❶ 이렇게 만들어졌어요 ❷ 이럴 때 써요 ❸ 이렇게 써요 ❹ 오늘의 짝꿍 활동 ❺ 부모 에세이
	작은짝꿍책 (어린이용)	❶ 이렇게 만들어졌어요 ❷ 함께 알면 좋아요 ❸ 만화로 배우는 사자성어 ❹ 이렇게 써요 ❺ 오늘의 짝꿍 활동

★ 오늘의 사자성어

하루에 하나씩 사자성어를 익혀요. 책에는 총 30개의 사자성어가 수록되어 있어요.

❶ 이렇게 만들어졌어요

사자성어의 뜻과 유래를 알려 줘요. 사자성어에 얽힌 재미있는 이야기도 실었어요.

❷ 이럴 때 써요

기사 문구 또는 일상생활 속 대화를 통해 사자성어가 어떻게 활용되는지 살펴봐요.

❸ 이렇게 써요

사자성어를 이루는 한자 네 글자의 음과 뜻, 획순을 학습해요.

❹ 오늘의 짝꿍 활동

오늘의 사자성어와 관련된 세 개의 질문에 답해요. 부모와 아이가 각자 생각한 후, 서로의 생각을 나누는 짝꿍 활동은 이 책의 핵심이라고 할 수 있어요.

❺ 부모 에세이

부모가 읽으면 도움이 될 만한 이야기를 들려줘요. 짧은 이야기 속에 자녀 교육 노하우가 담겨 있어요.

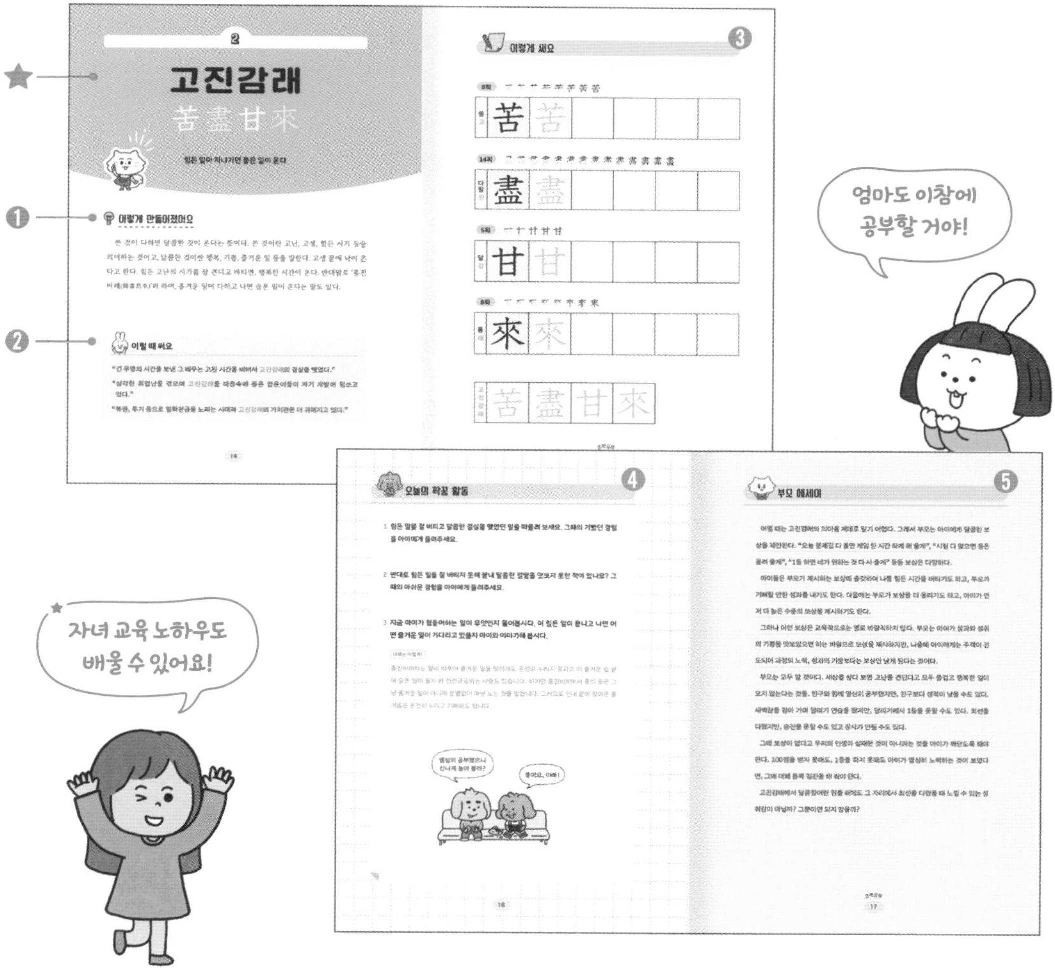

1

결초보은

結草報恩

풀을 엮어 은혜를 갚다
죽은 뒤에라도 은혜를 갚다

이렇게 만들어졌어요

중국 진(晉)나라에 위무자라는 사람이 살고 있었다. 위무자는 새 아내를 매우 사랑했다. 어느 날 위무자가 큰 병에 걸리자 아들 위과를 불러 놓고 말했다.

"내가 죽거든 네 새어머니를 좋은 곳에 시집보내 주어라."

위무자의 병은 점점 깊어져 정신을 잃을 때가 많았다. 죽을 날이 멀지 않은 어느 날 정신이 잠깐 든 위무자가 위과를 다시 불러 말했다.

"내가 죽거든 네 새어머니도 함께 묻어 다오."

당시 진나라에는 남편이 죽으면 아내도 따라 묻는 풍습이 있었다. 얼마 후 아버지가 돌아가시자 위과는 새어머니를 친정으로 보내드렸다.

"저는 아버님이 맑은 정신일 때 하시던 말씀을 따를 것입니다. 병이 중하지 않았을 때 하신 말씀이 아버님의 진심일 겁니다. 어머님, 부디 새 인생을 찾아 평안히 지내십시오."

얼마 후, 위과는 전쟁에 나가게 되었다. 온 힘을 다해 싸웠지만 적군에게 패해 쫓기는 신세가 되고 말았다. 적장이었던 진(秦)나라 장수 두회는 위과를 사로잡기 위해 맹렬히 뒤쫓아 왔다. 금방이라도 위과가 잡힐 것 같은 그때였다.

"악!"

두회의 말이 풀에 걸려 넘어지면서 두회가 고꾸라졌다. 덕분에 위과는 무사히 몸을 피해 목숨을 건질 수 있었다. 잠시 후 찬찬히 살펴보니 두회가 넘어졌던 그곳의 풀이 모두 묶여 있었다.

그날 밤, 위과의 꿈에 한 노인이 나타났다. 노인은 위과에게 공손히 절을 하며 말했다.

"나는 당신 새어머니의 아버지라오. 당신 때문에 내 딸이 죽지 않고 살았으니 그 은혜를 갚기 위해 내 영혼이 풀을 묶은 것이라오."

딸을 살려 준 위과에 대한 은혜를 죽어서까지 갚은 이야기이다.

이럴 때 써요

"저를 뽑아 주신 지역 주민들을 위해 결초보은하겠습니다."

"지난 재해 때 저희 지역을 도와주셔서 감사합니다. 그 도움에 결초보은해야지요."

"응원해 주신 국민 여러분께 결초보은하는 마음으로 경기에 임하겠습니다."

이렇게 써요

12획 結 結 結 結 結 結 結 結 結 結 結 結

맺을 결	結	結				

9획 草 草 草 草 草 草 草 草 草

풀 초	草	草				

12획 報 報 報 報 報 報 報 報 報 報 報 報

갚을 보	報	報				

10획 恩 恩 恩 恩 恩 恩 恩 恩 恩 恩

은혜 은	恩	恩				

결초보은	結	草	報	恩

오늘의 짝꿍 활동

1 지금까지 누군가에게 은혜를 받은 일이 있나요? 어떤 은혜였나요?

2 아이와 함께 우리 전래동화 <은혜 갚은 까치>를 읽어 봅시다.

3 자녀에게 고마웠던 기억이 있나요? 어떤 일이었는지 이야기해 보세요.

대화는 이렇게!

아이들의 존재 자체가 부모에게는 더없는 기쁨이고 고마움이지요. 하지만 아이들에게는 조금 더 자세하게 표현해 주는 것이 좋아요. 아이에게 고마웠던 일을 구체적으로 이야기해 주세요.

"카레가 맛없게 됐을 때도 맛있게 먹어 줘서 고마워."

"수영 대회에서 포기하지 않고 끝까지 해 줘서 고마워."

"숙제부터 하고 놀겠다는 약속 잘 지켜 줘서 고마워."

이렇게요. 그래야 아이도 작은 고마움도 생각하고 표현할 수 있게 돼요.

"엄마가 나를 안아 줘서 고마워요."

"수학 시험 망쳤을 때도 혼내지 않아서 고마워요."

"제가 좋아하는 갈치 구워 줘서 고맙습니다."

고마워할 줄 아는 아이가 행복을 느낄 줄 아는 아이랍니다.

2

고진감래

苦盡甘來

힘든 일이 지나가면 좋은 일이 온다

이렇게 만들어졌어요

쓴 것이 다하면 달콤한 것이 온다는 뜻이다. 쓴 것이란 고난, 고생, 힘든 시기 등을 의미하는 것이고, 달콤한 것이란 행복, 기쁨, 즐거운 일 등을 말한다. 고생 끝에 낙이 온다고 한다. 힘든 고난의 시기를 잘 견디고 버티면, 행복한 시간이 온다. 반대말로 '흥진비래(興盡悲來)'라 하여, 흥겨운 일이 다하고 나면 슬픈 일이 온다는 말도 있다.

이럴 때 써요

"긴 무명의 시간을 보낸 그 배우는 고된 시간을 버텨서 고진감래의 결실을 맺었다."

"심각한 취업난을 겪으며 고진감래를 마음속에 품은 젊은이들이 자기 계발에 힘쓰고 있다."

"복권, 투기 등으로 일확천금을 노리는 시대라 고진감래의 가치관은 더 귀해지고 있다."

이렇게 써요

8획 苦 苦 苦 苦 苦 苦 苦 苦

쓸 고	苦	苦				

14획 盡 盡 盡 盡 盡 盡 盡 盡 盡 盡 盡 盡 盡 盡

다할 진	盡	盡				

5획 甘 甘 甘 甘 甘

달 감	甘	甘				

8획 來 來 來 來 來 來 來 來

올 래	來	來				

고진감래	苦	盡	甘	來

오늘의 짝꿍 활동

1 힘든 일을 잘 버티고 달콤한 결실을 맺었던 일을 떠올려 보세요. 그때의 기뻤던 경험을 아이에게 들려주세요.

2 반대로 힘든 일을 잘 버티지 못해 끝내 달콤한 결말을 맛보지 못한 적이 있나요? 그때의 아쉬운 경험을 아이에게 들려주세요.

3 지금 아이가 힘들어하는 일이 무엇인지 물어봅시다. 이 힘든 일이 끝나고 나면 어떤 즐거운 일이 기다리고 있을지 아이와 이야기해 봅시다.

대화는 이렇게!

흥진비래라는 말에 비추어 즐거운 일을 맞이해도 온전히 누리지 못하고 이 즐거운 일 끝에 슬픈 일이 올까 봐 전전긍긍하는 사람도 있습니다. 하지만 흥진비래에서 흥의 뜻은 그냥 즐거운 일이 아니라 분별없이 마냥 노는 것을 말합니다. 그러므로 인내 끝에 찾아온 즐거움은 온전히 누리고 기뻐해도 됩니다.

부모 에세이

어릴 때는 고진감래의 의미를 제대로 알기 어렵다. 그래서 부모는 아이에게 달콤한 보상을 제안한다. “오늘 문제집 다 풀면 게임 한 시간 하게 해 줄게”, “시험 다 맞으면 용돈 올려 줄게”, “1등 하면 네가 원하는 것 다 사 줄게” 등등 보상은 다양하다.

아이들은 부모가 제시하는 보상에 솔깃하여 나름 힘든 시간을 버티기도 하고, 부모가 기뻐할 만한 성과를 내기도 한다. 다음에는 부모가 보상을 더 올리기도 하고, 아이가 먼저 더 높은 수준의 보상을 제시하기도 한다.

그러나 이런 보상은 교육적으로는 별로 바람직하지 않다. 부모는 아이가 성과와 성취의 기쁨을 맛보았으면 하는 바람으로 보상을 제시하지만, 나중에 아이에게는 주객이 전도되어 과정의 노력, 성과의 기쁨보다는 보상만 남게 된다는 것이다.

부모는 모두 알 것이다. 세상을 살다 보면 고난을 견딘다고 모두 즐겁고 행복한 일이 오지 않는다는 것을. 친구와 함께 열심히 공부했지만, 친구보다 성적이 낮을 수도 있다. 새벽잠을 참아 가며 달리기 연습을 했지만, 달리기에서 1등을 못할 수도 있다. 최선을 다했지만, 승진을 못할 수도 있고 장사가 안될 수도 있다.

그때 보상이 없다고 우리의 인생이 실패한 것이 아니라는 것을 아이가 깨닫도록 해야 한다. 100점을 받지 못해도, 1등을 하지 못해도 아이가 열심히 노력하는 것이 보였다면, 그에 대해 듬뿍 칭찬을 해 줘야 한다.

고진감래에서 달콤함이란 힘들 때에도 그 자리에서 최선을 다했을 때 느낄 수 있는 성취감이 아닐까? 그뿐이면 되지 않을까?

3

괄목상대

刮目相對

눈을 비비고 다시 볼 만큼 몰라보게 발전하다

이렇게 만들어졌어요

삼국 시대 오나라 왕 손권의 부하 중에 여몽이라는 사람이 있었다. 여몽은 본래 가난한 집안에서 태어나 무술만 열심히 닦았을 뿐, 학식은 없는 무식한 사람이었다. 손권이 여몽을 불러 나라를 위해 할 일이 많으니 글을 읽어 학문을 닦으라고 하자, 여몽은 할 일도 많고 글공부는 재주가 없다고 변명했다. 그러자 손권이 나무랐다.

"그대가 아무리 할 일이 많다고 해도 왕인 나보다 많겠는가? 어찌 나랏일을 하는 사람이 자기 좋은 것만 할 수 있단 말인가?"

여몽은 크게 깨달아, 그날부터 바로 책을 읽고 외며 학문에 몰두하기 시작했다.

평소에 여몽을 무시하던 노숙이라는 사람이 어느 날 여몽을 보고 깜짝 놀랐다. 우락부락하던 옛날 인상이 온화해졌고, 말마다 선인들의 병법을 줄줄 외는 것이었다.

"여몽! 나는 당신이 무술만 할 줄 아는 무식한 사람인 줄 알았는데, 이제 보니 당신은 옛날의 여몽이 아니구려."

그러자 여몽이 겸손히 대답했다.

"선비는 헤어진 지 사흘이 되면 눈을 비비고 다시 볼 만큼 발전해 있어야 하는 법이지요."

그 후 여몽은 촉나라의 관우까지 사로잡는 등 큰 공을 세웠다.

이럴 때 써요

"그 도시는 혁신과 변화의 바람으로 괄목상대할 만큼 발전했다."

"반려동물에 대한 관심이 높아지면서, 반려동물 관련 시장도 괄목상대할 만한 성장세를 이어 가고 있다."

"우리 축구팀은 지난해 부진을 딛고 괄목상대할 성적을 이루었다."

이렇게 써요

8획 刮刮刮刮刮刮刮刮

비빌 괄	刮	刮				

5획 目目目目目

눈 목	目	目				

9획 相相相相相相相相相

서로 상	相	相				

14획 對對對對對對對對對對對對對對

대할 대	對	對				

괄목상대	刮	目	相	對

오늘의 짝꿍 활동

1 아주 어린 시절과 비교해서 지금 괄목상대할 만큼 잘하게 된 것이 무엇이 있는지 자랑해 보세요.

2 우리 아이가 예전과 비교해서 크게 발전한 점이 있는지 찾아보세요. 어떤 점이 발전했는지, 그러기 위해서 어떤 노력을 했는지 알아보고 칭찬해 주세요.

대화는 이렇게!

부모는 아이를 매일 보기에 오히려 아이의 발전을 늦게 알아챌 수 있어요. 아이들도 성장하고 발전하기 위해서 노력하고 있답니다. 우리 아이가 예전보다 조금이라도 나아진 점이 있다면 듬뿍 칭찬해 줍시다.

"예전엔 줄넘기 쌩쌩이를 하나도 못했는데 이제는 다섯 개나 하다니, 정말 괄목상대할 정도야."

"발표할 때마다 얼굴이 빨개졌는데 지금은 발표를 잘한다며? 선생님께서 괄목상대할 만큼 발전했다고 크게 칭찬하시더라."

"문제집 한 장 푸는 것도 힘들어했는데 지금은 시키지 않아도 다섯 장을 너끈히 풀다니, 집중력이 괄목상대했어."

아이들은 늘 발전하고 있답니다.

3 위인 중에는 어릴 적엔 뒤떨어졌지만 훗날 놀라운 업적을 이룬 사람들이 있어요. 아이들과 함께 과학자 아인슈타인에 관한 이야기를 읽고, 이야기를 나눠 봅시다.

4

금시초문

今始初聞

이제야 비로소 처음으로 듣다

이렇게 만들어졌어요

이전에는 들어 보지 못하고 이제야 비로소 처음으로 듣는 소리라는 뜻이다. 처음 듣는 소식, 이전에는 들어 보지 못한 낯선 이야기 등을 말할 때 쓰인다.

비슷한 말로 전대미문(前代未聞)이라는 사자성어도 있다. 전대에서는 들어 보지 못했다는 뜻이다. 다만 전대미문은 전에는 들어 보지 못한 엄청난 일을 말할 때 쓰이고, 금시초문은 낯설거나 엉뚱한 일을 가리킬 때 흔히 쓰인다.

이럴 때 써요

"그 동네가 재개발된다는 소식은 동네 주민에게도 **금시초문**이다."

"우리 회사에서 그 제품이 출시된다는 소식은 임직원에게도 **금시초문**이다."

"아직 한창인 그 선수가 벌써 은퇴를 한다는 소식은 **금시초문**이다."

이렇게 써요

4획 今 今 今 今

이제 금	今	今				

8획 始 始 始 始 始 始 始 始

비로소 시	始	始				

7획 初 初 初 初 初 初 初

처음 초	初	初				

14획 聞 聞 聞 聞 聞 聞 聞 聞 聞 聞 聞 聞 聞 聞

들을 문	聞	聞				

금시초문	今	始	初	聞

오늘의 짝꿍 활동

1 최근 우리 집 주변에서 생긴 일 중 아이가 처음 들을 법한 소식이 있나요? 그 소식을 아이에게 전해 봅시다.

2 신문이나 뉴스에서 접한 사건 중 금시초문인 것들을 아이와 함께 찾아봅시다.

3 아이에게는 금시초문인 부모의 비밀을 하나 이야기해 봅시다. 또 부모에게 금시초문인 아이의 비밀을 듣고, 오늘만큼은 무조건 이해하며 이야기를 나눠 봅시다.

대화는 이렇게!

요즘은 친구 같은 부모가 많아지면서 아이와 속마음을 터놓고 이야기하는 가정이 참 많지요. 그러나 부모는 친구 같은 존재가 될 수 있을지 몰라도, 친구가 될 수도 없고 되어서도 안 됩니다. 부모랑 공유할 수 있는 비밀이 있고, 친구랑만 나눌 수 있는 비밀이 있답니다. 아이의 비밀을 너무 속속들이 캐내려 하지 말고, 때로는 눈감아 줄 수도 있어야 해요.
부모의 비밀을 나눌 때는 너무 무거운 주제를 다루면 아이에게 부담이 되니, 가벼운 주제로 접근해 보세요.
"사실 엄마도 콜라 좋아해."
"아빠도 어릴 적에 늦잠 자다가 지각한 적 있어."
이렇게 말이에요.

부모 에세이

어린 시절 나는 주로 학교에서 잘한 일만 부모님께 이야기하는 편이었다. 잘못하거나 속상한 일을 굳이 집에 와서 전할 필요가 뭐가 있겠나 싶고, 집에서 한 번 더 칭찬받는 것이 좋기도 했다. 그러니 부모님께서는 나를 학교에서 무엇이든 잘하는 아이라고 착각하셨을 수도 있겠다.

고등학교에 올라가서 첫 시험을 보았는데, 내가 예상했던 것보다 성적이 좋지 않았다. 점수도, 등수도 형편없었다. 당시에는 성적표에 부모님 도장이나 사인을 받아 오게 했는데, 나는 난생처음 부모님께 성적표를 보여 드리지 않고 몰래 도장을 찍어 갔다. 다음에 성적을 올린 다음 말씀드려야지, 나름 계획도 짜 놓았다.

그런데 성적표 배부 후 학부모 모임이 있었나 보다. 모임에 다녀온 엄마는 왜 성적표를 받았다고 얘기하지 않았느냐며 불같이 화를 내셨다.

“다른 엄마들이 성적 이야기를 하는데, 나는 성적표 얘기가 금시초문이라 얼마나 당황했던지. 네 성적이 나빠서 창피한 게 아니라, 내가 성적표 나온 것도 모르고 있다는 게 너무 부끄럽더라.”

부모님이 나를 무엇이든 잘하는 아이라고 착각한 것이 아니라, 내가 부모님을 착각하고 있었다. 나는 부모님이 자식의 잘난 점만 들으면 좋아하실 줄 알았는데, 부모님은 자식과 허물없이 속 얘기를 할 수 있는 사이를 더 좋아하시는 것이었다.

나도 아이를 키우다 보니 주변 사람들로부터 내 아이에 대해 이런저런 이야기를 전해 듣는다. 그런데 금시초문인 것이 많다. 내 아이가 그 정도로 돈가스를 좋아했나? 내 아이가 그 아이랑 그만큼 친했나? 내 아이가 그 일을 그렇게 속상해했던가?

어차피 내 아이라고 해서 내가 속속들이 다 알 수는 없을 것이다. 그러나 아이에 관한 안 좋은 이야기가 금시초문으로 내 귀에 들어오지 않기 위해서는, 아이들이 이야기하는 것에 대해 너른 이해심으로 품어 주면 되지 않을까 싶다. '우리 엄마, 아빠는 나를 무조건 믿어 줘'라는 확신만 있다면, 아이와 부모는 금시초문 없는 사이가 되지 않을까?

참! 나의 고등학교 성적은 그 이후로 뾰족하게 더 나아지지 않았다. 그러나 성적표에 몰래 도장을 찍어 가는 일은 더 이상 하지 않았다.

5

난형난제

難兄難弟

**누구를 형이라 하고 누구를 아우라 하기
어려울 만큼 서로 실력이 비슷하다**

이렇게 만들어졌어요

후한 말 진식이라는 선비가 살았는데, 그에게는 기와 심이라는 아들이 있었다. 이들은 아버지를 닮아서 학문이 깊고 영특했다.

어느 날 기의 아들 군과 심의 아들 충이 서로 아버지 자랑을 하며 입씨름을 했다.

"우리 아버지가 더 훌륭하다."

"아니다. 우리 아버지가 더 훌륭하다."

한참 아옹다옹하던 군과 충은 서로 결론을 내지 못하고, 결국 할아버지 진식에게 가서 묻기로 했다.

"할아버지, 우리 아버지들 중 누가 더 훌륭한가요? 당연히 형인 우리 아버지겠지요?"

"할아버지, 아니죠? 동생인 우리 아버지가 더 똑똑하지요?"

진식은 한참을 고민하더니 이렇게 답했다.

"형이 낫다고 하기도 어렵고, 동생이 더 낫다고 하기도 어렵구나. 그러니 둘 다 매우 똑똑한 것이란다."

이럴 때 써요

"이 게임 회사에서 나온 게임들은 모두 잘나가서 매출 순위가 난형난제다."

"프로야구 투수들이 난형난제의 대결을 벌였다."

"이번에 출시된 자동차들이 난형난제라, 소비자들의 고민이 깊어졌다."

이렇게 써요

19획 難

어려울 난	難	難				

5획 兄

형 형	兄	兄				

19획 難

어려울 난	難	難				

7획 弟

아우 제	弟	弟				

난형난제	難	兄	難	弟

오늘의 짝꿍 활동

1 친구 혹은 형제와 한 치의 양보도 없이 치열하게 경쟁해 본 적이 있나요? 어떤 일이 었는지 자녀와 이야기해 봅시다.

2 어떤 종목이든 자녀와 난형난제라고 할 만한 것이 있는지 찾아보고 이야기해 봅시다. 삼겹살 많이 먹기, 훌라후프 돌리기, 100m 달리기, 게임 등 자녀가 부모와 실력이 비슷하거나 혹은 더 잘하는 것들이 꽤 많을 수 있어요.

대화는 이렇게!

형제간에 서로 경쟁이 붙으면 좋은 점도 있지만, 대개 나쁜 점이 더 많아요. 형이니까 무조건 이겨야 한다고 생각하고, 동생은 왜 맨날 져야 하냐고 생각하지요. 또 실제로 동생이 이기면 부모는 형의 눈치를 보기도 해요. 그래서 형제에게 서로 경쟁을 붙이는 건 위험할 수 있어요. 자녀와 부모가 경쟁을 해 보세요. 자녀를 반드시 이기려는 부모도 없을 것이고, 또 자녀에게 졌다고 기분 나쁜 부모도 없겠지요? 자녀가 부모를 능가하면 그보다 더 큰 기쁨이 없을 테니까요.

3 자녀가 좋아하는 경기를 함께 시청해 보세요. 난형난제의 승부를 보며 자녀가 응원하는 팀을 함께 응원하다 보면 자녀와 더 가까워질 수 있을 거예요.

6

다다익선

多多益善

많으면 많을수록 좋다

이렇게 만들어졌어요

어느 날 한나라 고조 유방이 한신과 함께 여러 장군들의 능력에 대해 이야기를 나누었다. 이 장군은 이 정도의 능력이고, 저 장군은 저 정도의 능력이라고 등급을 매기다가 고조가 문득 한신에게 물었다.

"나와 같은 사람은 군사들을 얼마나 거느릴 수 있겠나?"

한신이 한 치의 망설임도 없이 대답했다.

"아뢰옵기 황송하오나 폐하께서는 10만 명쯤 거느리실 수 있을 듯합니다."

생각보다 적은 숫자에 고조는 마음이 찜찜해서 다시 물었다.

"그렇다면 그대는 어떠한가?"

한신이 다시 대답했다.

"저는 많으면 많을수록 좋습니다."

그 말에 고조가 괘씸해하며 물었다.

"많으면 많을수록 좋다고? 그런데 그대는 어찌 10만 명밖에 거느릴 수 없는 내 밑에 있는가?"

한신이 머리를 조아리며 말했다.

"폐하, 그건 별개의 문제입니다. 폐하께서는 병사의 장수가 아니오라 장수의 장수이십니다. 그래서 제가 폐하의 수하에 있는 것입니다. 또 왕의 자리는 하늘이 준 것이지, 사람의 일이 아닙니다."

이럴 때 써요

"영양제가 과연 다다익선일까? 자기 몸 상태에 맞게 잘 가려 먹어야 한다."

"일자리는 다다익선이니, 많이 마련될수록 좋다."

"도전은 다다익선! 젊을수록 다양한 경험을 쌓아야 한다."

이렇게 써요

6획 多

많을 다	多	多				

6획 多

많을 다	多	多				

10획 益

더할 익	益	益				

12획 善

좋을 선	善	善				

다다익선	多	多	益	善

오늘의 짝꿍 활동

1 지금까지 살면서 다다익선인 것은 무엇이 있었나요? 반대로 많으면 많을수록 싫은 것은 무엇이 있을까요?

2 백남준의 비디오 아트 〈다다익선〉을 자녀와 함께 찾아보고 느낀 점을 이야기해 봅시다.

3 부모가 자녀에게 바라는 다다익선, 자녀가 부모에게 바라는 다다익선을 카드로 만들어 이야기해 봅시다.

대화는 이렇게!

흔히 자녀가 바라는 다다익선은 게임 시간이나 용돈일 수 있고, 부모가 바라는 다다익선은 공부 시간이나 푼 문제의 개수일 수 있습니다. 예상한 대로 자녀가 용돈을 말하더라도 부모님은 다른 이야기를 해 보세요.

"네가 엄마한테 하는 '사랑해'라는 말이 다다익선이야."

"네가 학교에서 있었던 일을 얘기해 주는 것이 다다익선이야."

"네 몸의 건강한 곳이 다다익선이야."

아이도 슬그머니 엄마, 아빠에게 원하는 다다익선의 내용을 바꿀 수 있습니다. 돈은 다다익선이 오히려 독이 될 수 있습니다. 그러나 부모와 자녀의 소통은 많을수록 이해의 폭이 넓어져 화목한 가정의 지름길이 됩니다. 소통은 하루아침에 이루어지지 않습니다. 사소한 말이라도 자녀의 말을 잘 들어 주고 공감하는 연습을 지금부터 해 보세요.

7

대기만성

大器晩成

큰 그릇은 늦게 이루어진다

이렇게 만들어졌어요

삼국 시대 위나라에 최염이라는 장군이 있었다. 풍모와 인격이 대인배다워 주위 사람들로부터 늘 존경을 받았다. 그에게는 최림이라는 사촌 동생이 있었는데, 최염과 달리 외모도 볼품없고 출세도 하지 못해 친척들이 모두 최림을 업신여기고 무시하였다.

"최림은 왜 저렇게 모자란지 몰라."

"누가 아니래? 최염 같은 분이 우리 친척인 것이 자랑스럽다면, 최림이 우리 친척인 것은 부끄럽다니까."

그러나 최염만은 최림의 사람됨을 알아보고 늘 이렇게 말하였다.

"큰 종이나 큰 솥은 쉽게 만들어지지 않는 법이오. 큰 인물도 마찬가지입니다. 그 재능이 제대로 완성되어 제 몫을 다하려면 많은 시간이 필요하지요. 최림 또한 큰 그릇으로 늦게 이루어지는 것이니, 기다리면 반드시 큰 인물이 될 것입니다."

훗날 최림은 최염의 말대로 벼슬에 올라 황제를 보좌하는 큰 인물이 되었다.

이럴 때 써요

“그 배우는 연극 무대에서 오랜 세월 실력을 쌓아 대기만성을 이루었다.”

“10승 9패 후 연승 행진을 달리고 있는 그 챔피언은 전형적인 대기만성형 선수이다.”

“대기만성형 성공은 누구에게나 열려 있는 개방형 성공이다.”

이렇게 써요

3획 大

큰 대	大	大				

16획 器

그릇 기	器	器				

12획 晩

늦을 만	晩	晩				

6획 成

이룰 성	成	成				

대기만성	大	器	晩	成

오늘의 짝꿍 활동

1 잘하고 싶은 마음은 가득한데 잘되지 않아 속상한 적이 있었나요? 언제 그런 마음이 들었는지 자녀에게 살짝 이야기해 봅시다.

2 처음에는 어려웠던 일인데 꾸준히 노력해서 잘하게 된 경험을 자녀와 나누어 봅시다.

3 지금은 잘하지 못하지만, 앞으로 이루고 싶은 목표를 자녀와 나눠 보세요. 그러기 위해 날마다 어떤 노력을 할 것인지 자녀와 짝꿍 계획표를 만들어 보세요. 계획을 실천할 때마다 계획표에 서로 멋진 사인(sign)을 해 주세요.

대화는 이렇게!

아이들이 어릴 때 부모들의 가장 큰 자랑거리는 우리 아이가 몇 개월에 기저귀를 떼고, 몇 개월에 '엄마'라는 말을 했으며, 몇 개월에 걸음마를 했느냐는 것이지요. 또 한글을 언제부터 읽게 되었는지 자랑하기도 하고, 다른 사람의 자랑을 들으면 조바심이 나기도 하지요. 그러나 대체로 건강한 아이들은 약간의 차이가 있을 뿐 적당한 시기가 되면 기저귀를 떼고, 엄마라고 목청껏 부르며, 걷기를 넘어서 그만하라고 할 때까지 뛰어다닙니다. 어른이 되어서도 한글을 못 읽는 사람은 거의 없지요. 그런데도 부모들은 그 속도에 너무 민감하게 반응해서 옆집 아이와 비교하여 웃고 웁니다. 그러나 중요한 것은 속도가 아니에요. 방향과 끈기입니다. 올바른 방향으로 포기하지 않고 가기만 한다면 우리 모두 대기만성의 인재입니다.

8

동문서답

東問西答

묻는 말에 대하여 아주 엉뚱하게 대답하다

이렇게 만들어졌어요

동쪽을 묻는데, 서쪽을 답한다. 즉 질문의 의도와 전혀 다른 엉뚱한 답을 하는 것을 뜻한다. 질문의 의도를 이해하지 못하여 아주 다른 대답을 하는 것을 말하기도 하고, 이야기하는 사람들의 입장이 완전히 달라 서로 무시하거나 다른 이야기를 하는 상황을 말하기도 한다.

이럴 때 써요

"그 범인은 형사의 질문에 동문서답만 늘어놓았다."

"두 정치인이 토론하면서 동문서답만 하고 있다."

"질문의 의도를 이해하지 못하고 엉뚱한 이야기만 쓴 동문서답형 자기소개서가 면접관들이 뽑은 한심한 자기소개서 1위이다."

이렇게 써요

8획 東 東 東 東 東 東 東 東

동쪽 동	東	東				

11획 問 問 問 問 問 問 問 問 問 問 問

물을 문	問	問				

6획 西 西 西 西 西 西

서쪽 서	西	西				

12획 答 答 答 答 答 答 答 答 答 答 答 答

답할 답	答	答				

동문서답	東	問	西	答

오늘의 짝꿍 활동

1 동문(東問)과 서답(西答)은 서로 반대되는 글자입니다. 대동(大同)과 소이(小異)처럼요. 이렇게 반대되는 글자로 이루어진 단어는 또 무엇이 있을까요? 한 개씩만 찾아봅시다.

2 가족의 말에 동문서답했던 경험이 있다면 나눠 봅시다.

3 자녀와 동문서답 게임을 해 봅시다. 서로 질문에 전혀 상관없는 대답을 해야 하는 게임입니다. 질문에 맞는 답을 하면 지는 거예요.

부모 에세이

생텍쥐페리의《어린 왕자》에 보면 다음과 같은 이야기가 나온다.

어른들은 새로 사귄 친구들에 대해 이야기할 때 가장 중요한 것은 묻지 않는다. 예를 들어 "그 아이의 목소리는 어때? 어떤 놀이를 좋아하지?"와 같은 질문은 하지 않는다.

그 대신 어른들은 이렇게 묻는다. "그 아이는 몇 살이야? 형제가 몇 명이니? 몸무게는? 아버지의 수입은 얼마나 되지?"

어릴 때는《어린 왕자》를 읽으면서 "맞아, 맞아!" 하고 맞장구를 쳤지만 지금 보면서는 속으로 뜨끔한다. 나도 아이가 말할 때 아이가 이야기하고자 했던 것에 귀 기울이며 질문하기보다는 "어디 살아?", "공부 잘해?", "어느 학원 다닌대?" 같은 것을 궁금해 했던 것 같기 때문이다.

그럴 때마다 아이는 동문서답의 답답함을 느꼈을 것이다. 부모는, 적어도 부모만큼은 아이의 질문에 온 마음으로 공감하고 답해 줘야 한다. 동문동답, 서문서답을 해 줘야 하는 것이다. 우리 엄마, 아빠는 내 말을 한 번도 끊지 않고, 한 번도 귀찮아하지 않고, 늘 성심으로 답해 줬다는 기억이 아이의 자존감을 세워 줄 테니까.

9

동상이몽

同床異夢

같은 잠자리에서 다른 꿈을 꾼다

이렇게 만들어졌어요

같은 침대에 자면서도 다른 꿈을 꾼다는 뜻이다. 같은 잠자리에 누워 있어도 사람마다 꿈이 다른 것은 당연한 일이다. 어떤 사람은 악몽에 시달리기도 하고, 어떤 사람은 돼지꿈 같은 길몽을 꾸기도 한다. 이처럼 동상이몽이란 같은 처지에 있거나 같은 일을 하면서도 그 생각이나 목표가 다른 것을 말한다. 겉으로는 같은 편인 것 같지만, 실제로는 다른 의견을 가진 사람의 상황을 가리키기도 한다.

이럴 때 써요

"국제 법인세 개혁에 대해 선진국과 개발도상국이 동상이몽을 하고 있다."

"기름값이 오르자 산유국들이 동상이몽으로 합의에 도달하지 못하고 있다."

"올해 프로야구는 치열한 순위 다툼으로 10개 구단 모두가 동상이몽을 꿈꾸고 있다."

이렇게 써요

6획 同同同同同同

같을 동	同	同				

7획 床床床床床床床

평상 상	床	床				

11획 異異異異異異異異異異異

다를 이	異	異				

13획 夢夢夢夢夢夢夢夢夢夢夢夢夢

꿈 몽	夢	夢				

동상이몽	同	床	異	夢

오늘의 짝꿍 활동

1 같은 마음인 줄 알았던 친구의 마음이 나와 다르다는 것을 알고 속상했던 적이 있나요?

2 같을 동(同)과 다를 이(異)는 서로 반대되는 한자예요. 이렇게 반대되는 한자들을 세 가지만 찾아보세요.

3 가족들과 동상이몽 게임을 해 봅시다. 한 명이 "짜장면 짬뽕" 같은 제시어를 외친 다음 "하나, 둘, 셋."을 세면 나머지 사람들이 동시에 두 가지 중에 하나를 말해야 합니다. 만약 똑같은 대답이 나오면 제시어를 말한 사람은 점수를 얻지 못해요. 동상이몽 게임은 다른 대답이 나와야만 제시어를 말한 사람이 점수를 얻을 수 있어요. 돌아가면서 제시어를 말하고 게임을 해 봅시다.

대화는 이렇게!

상대방이 무엇을 이야기할까 생각해 보는 것만으로도 서로의 마음을 많이 헤아려 볼 수 있어요. '아이가 물놀이를 좋아하니까 바다라고 답하겠지?', '아빠는 매운 걸 좋아하니까 짬뽕이라고 말하겠지?' 등등 가족에 대해 더 많이 알아 갈 수 있습니다.

부모 에세이

아이를 키우는 것은 이 세상에서 더할 나위 없는 축복이고 기쁨이다. 그건 누구도 반박 못할 사실이다. 그만큼 아이가 소중한 보물이기 때문이다. 그런데 소중한 보물을 다루는 방법에 대해 부부가 가끔 동상이몽을 하곤 한다.

학원을 보내자는 아빠와 집에서 가르치겠다는 엄마, 놀게 하자는 아빠와 선행 학습을 시키자는 엄마, 핸드폰을 사 주고 자제력을 가르치자는 아빠와 아예 사 주지 말자는 엄마… 아이가 커 갈수록 부딪칠 거리도 많고, 다툼도 잦아진다.

우리 집 같은 경우는 남편은 아이에게 현실을 직시해야 한다며 부정적인 이야기를 많이 해 주고, 나는 조금만 견디면 밝은 미래가 온다며 긍정적인 이야기를 해 주는 편이다.

"너 그렇게 밥 안 먹으면 지금 그 키에서 1cm도 안 큰다."

남편의 말이다. 나는 무슨 말을 그렇게 하냐며 남편을 째려본다.

"조금만 더 먹으면 너도 180cm 넘게 클 수 있어."

나의 말이다. 남편은 말이 되냐며 나를 비웃는다. 우리는 다투고, 아이는 눈치를 본다. 자기의 문제로 엄마, 아빠가 다투는 것이 아이에게 좋았을까? 절대 그랬을 리 없다.

자녀를 키울 때 정답은 없다. 엄마, 아빠의 말이 다 맞거나 다 틀릴 수 있다. 우리 아이에 맞게, 그때그때 상황에 맞게 많이 생각하고 결정해야 한다.

그런데 절대 잊지 말아야 할 것은 엄마, 아빠는 이몽(異夢)의 주체가 아니라 동상(同床)의 주체라는 점이다. 엄마, 아빠는 같은 상황에서 같은 목표를 향해 가는 사람들이다. 그걸 잊지 않는다면 작은 갈등은 이해하고 품어 줄 수 있지 않을까? 아이의 행복 그릇이 커지는 것이 이 세상 모든 엄마, 아빠가 꿈꾸는 것이니까.

참! 우리 아이는 남편이 말하는 '그 키'보다 더 컸지만, 내가 바라는 180cm는 되지 못했다. 그러나 자존감 넘치는, 행복 그릇이 큰 아이가 되었으니 더 바랄 게 없다.

10

두문불출

杜門不出

문을 닫아걸고 나오지 않는다

이렇게 만들어졌어요

문을 닫고 문밖으로 나오지 않는다는 뜻이다. 즉 집 안에만 틀어박혀 바깥출입을 하지 않는 모습을 말하는 것이다. 예전에는 고향에 머물면서 관직에 나아가지 않고 숨어 사는 선비의 모습을 표현할 때도 두문불출이라는 말을 사용했다. 현재는 세상 사람들과 소통하거나 나가지 않고 집 안에서만 틀어박혀 있는 것을 말한다.

이럴 때 써요

"코로나19로 인해 어쩔 수 없이 두문불출하였다."

"그 배우는 고독한 캐릭터에 몰입하려 촬영 8개월 내내 두문불출했다."

"아버지께서 돌아가신 후 두문불출했던 회장이 2개월 만에 모습을 드러냈다."

이렇게 써요

7획 杜 杜 杜 杜 杜 杜 杜

닫을 두	杜	杜				

8획 門 門 門 門 門 門 門 門

문 문	門	門				

4획 不 不 不 不

아닐 불	不	不				

5획 出 出 出 出 出

나갈 출	出	出				

두문불출	杜	門	不	出

오늘의 짝꿍 활동

1 지금껏 살면서 두문불출했던 경험이 있나요? 무슨 일로, 얼마 동안 두문불출했나요?

2 두문불출하는 것이 속상한 마음을 푸는 데 도움이 되었나요? 아픈 마음을 달래는 자신만의 방법을 자녀와 나누어 봅시다.

대화는 이렇게!

때로는 속상한 마음을 푸는 방법이 자기만의 동굴에 숨는 것일 수도 있어요. 그럴 때는 자꾸 캐묻지 말고 스스로 마음을 정리하고 풀어질 때까지 기다려 줘야 합니다. 아이를 외면하는 것이 아니라 아이의 속상한 마음을 이해하고 공감하면서 기다려 주는 것이지요. 누군가 기다리고 있다는 것을 알면 아이는 반드시 돌아옵니다.

3 안전을 위해 반드시 두문불출해야 하는 때도 있답니다. 어떤 때 두문불출해야 할까요?

부모 에세이

요즘은 일부러 두문불출하며 밖으로 나오지 않는 사람들이 많이 생긴 듯하다. 일명 히키코모리, 은둔형 외톨이다. 히키코모리는 사회생활에 적응하지 못하고 집 안에만 틀어박혀 사는 사람들을 일컫는 말로, 보통 방 안에서 꼼짝 않고 인터넷과 게임 세계에 빠져 산다.

때로는 자기만의 시간을 가지고 스스로 마음을 정리할 시간이 필요하므로 두문불출할 때도 있겠지만, 그 시간이 길어지면 타인과의 소통이 끊어지고 말 것이다.

밖에서 소리 지르며 뛰어노는 아들을 향해 두문불출하고 책 좀 읽으라고 잔소리를 했었다. 블로그를 보면 일곱 살에 이미 3천 권을 읽었다는 아이도 있고, 여섯 살에 높은 레벨의 영어책을 읽는 아이도 있었다. 그런 이야기를 보면 우리 아이가 뒤처지고 있는 것 같아 조바심이 났다. 저렇게 놀이터에서 소리 지르며 놀고만 있어도 되는 건가 안타까웠다.

그런데 시간이 흐르자, 이번엔 거꾸로 아이가 두문불출하는 시기가 왔다. 인터넷으로 강의도 들어야 하고, 과제도 해야 하니 인터넷 자체를 못하게 할 수도 없었다. 가끔 엿보면 주객이 전도되어 강의 찔끔 듣고, 과제 찔끔 하고는 인터넷의 바닷속에서 자유롭게 노니는 것 같았다. 아이 말로는 인터넷 안에 우주가 있다고 했다.

나는 이제 다른 말을 한다.

"차라리 친구들을 만나. 밖에 나가서 놀아. 방에서 좀 나와."

책과 소통하지 못하는 것보다 더 걱정스러운 것이 사람과 소통하지 못하는 것이리라. 나는 이제 놀이터에서 소리 지르며 뛰어노는 아이들이 참 예쁘다.

11

맹모삼천

孟母三遷

맹자의 어머니가 집을 세 번 옮기다

이렇게 만들어졌어요

맹자는 어린 나이에 아버지를 여의고 홀어머니 아래서 자랐다. 맹자의 어머니는 자식 교육에 남다른 열정을 갖고 있었다. 처음에 맹자의 집은 공동묘지 근처였다.

“어어야~ 어어야! 이제 가면 언제 오나~.”

맹자의 어머니는 깜짝 놀랐다. 맹자가 상여 메는 흉내를 내며 노는 것이었다. 맹자의 어머니는 그 모습을 보고 즉시 짐을 꾸려 시장 근처로 집을 옮겼다. 그랬더니 이번엔 맹자가 물건을 사고파는 흉내를 내며 놀았다.

“쌉니다, 싸요. 어서 와서 사세요.”

맹자의 어머니는 다시 짐을 꾸려 서당 근처로 이사했다. 그러자 맹자가 글을 읽고 가르치는 흉내를 내며 노는 것이었다.

“하늘 천 따지 검을 현 누를 황….”

그 모습을 본 맹자 어머니가 고개를 끄덕이며 말했다.

“이제야 우리 아들을 키우기에 좋은 곳을 찾았구나.”

맹자 어머니의 열정 덕분인지, 맹자는 그 후 학문에 힘을 써서 지금까지도 훌륭한

학자로 이름나 있다. 맹모삼천이란 자식을 교육하기에 좋은 환경으로 옮겨 다닌다는 뜻으로, 부모의 교육 열정을 말할 때 쓰인다.

이럴 때 써요

"위장 전입을 맹모삼천이라는 단어로 포장해서는 안 된다."

"좋은 학군을 찾아 이사하는 현대판 맹모삼천이 아직도 성행이다."

"미세 먼지를 피해 청정 지역으로 이사하려는 신맹모삼천 현상이 늘고 있다."

이렇게 써요

8획 孟 孟 孟 孟 孟 孟 孟 孟

맏 맹	孟	孟				

5획 母 母 母 母 母

어미 모	母	母				

3획 三 三 三

셋 삼	三	三				

15획 遷 遷 遷 遷 遷 遷 遷 遷 遷 遷 遷 遷 遷 遷 遷

옮길 천	遷	遷				

맹모삼천	孟	母	三	遷

오늘의 짝꿍 활동

1 맹자의 어머니는 맹자를 위해 세 번이나 집을 옮겼어요. 여러분은 자녀를 잘 키우기 위해 무엇을 하고 있나요?

2 바닷가, 산골 마을, 마당 있는 집 등 한 달 만이라도 살아 보고 싶은 지역이나 동네 혹은 나라가 있나요? 그 이유는 무엇인가요?

3 우리 집 주변에는 어떤 환경이 있나요? 가장 좋아하는 장소 세 군데를 골라 자녀와 함께 이야기해 봅시다.

대화는 이렇게!

요즘은 맹모삼천이라는 고사를 이야기하기가 참 조심스러워요. 혹시 맹자 어머니처럼 학교 옆이나 학원 옆으로 이사 가라는 메시지로 읽힐까 싶어서요. 최고의 환경은 꼭 학교나 학원 옆에서만 이루어지는 것이 아니랍니다. 부모가 얼마든지 만들어 줄 수 있어요. 책 읽는 아빠를 보며 자라는 아이들은 자연스레 책과 가까워집니다. 자신의 말에 귀 기울이며 눈을 맞추는 엄마를 보며 자란 아이들은 다른 사람들의 이야기를 듣고 의견을 나누는 것이 어색하지 않을 거예요.

그리고 또 하나! 아이가 상여 메는 흉내나 물건을 사고파는 놀이를 하면 어때요? 상여 메시는 분들은 이 세상을 떠나는 분들의 마지막 길을 외롭지 않게 보내는 분들이고, 물건을 파시는 분들은 사람들에게 필요한 물건을 편리하게 유통해 주는 분들이잖아요. 이 세상 모든 직업이 다 귀하답니다.

12

사면초가

四面楚歌

사방에서 초나라 노래가 들린다

이렇게 만들어졌어요

초나라와 한나라가 전쟁을 하는데, 유방과 한신이 이끄는 한나라가 초나라를 맹렬히 추격했다. 항우가 이끄는 초나라의 군대는 해하에서 주둔하고 있었는데, 포위를 뚫고 나가려 애를 썼으나 도저히 뚫고 나갈 수 없었다. 항우가 수심에 잠겼다.

깊은 밤이 되자 구슬픈 노랫소리가 들려왔다. 항우가 귀 기울여 들어 보니 한나라 진영 사방에서 초나라 노래가 울려 퍼지는 것이었다. 그런데 그 노래를 부르는 사람이 대단히 많은 듯했다.

"한나라 군대가 벌써 초나라 땅을 모두 빼앗은 것인가? 어찌하여 한나라 진영에 초나라 사람이 이리 많은가?"

항우는 병사 8백 명을 데리고 한나라의 포위망을 뚫으려 했으나, 한나라군 6천 명이 뒤쫓아 실패하고 말았다. 항우에게 남은 병사는 고작 20여 명이었다. 항우는 헛헛하게 웃으며 말했다.

"내가 지금까지 수많은 큰 싸움을 하는 동안 한 번도 패한 적이 없건만, 이렇게 사방에서 포위당하니 이건 하늘이 나를 망하게 하는 것이다."

끝까지 한나라 병사들과 싸움을 벌이던 항우는 군사를 모두 잃고 강가에서 목을 매고 말았다.

지금 사면초가란 사방이 적으로 둘러싸이고 도와줄 사람 하나 없는 상태를 말한다.

이럴 때 써요

"전 세계적인 전염병 때문에 올림픽을 할 수도 없고 안 할 수도 없는 **사면초가**의 상태다."

"경제 불황에 사고까지 겹쳐 그 기업은 현재 **사면초가**에 빠졌다."

"줄어드는 우유 급식과 밀려드는 수입 우유 때문에 낙농업은 폐업도, 유지도 힘든 **사면초가**에 처했다."

이렇게 써요

5획 四

넷 사	四	四				

9획 面

얼굴 면	面	面				

13획 楚

초나라 초	楚	楚				

14획 歌

노래 가	歌	歌				

사면초가	四	面	楚	歌

오늘의 짝꿍 활동

1 사방이 적으로 둘러싸인 듯 외로웠던 적이 있나요? 그때 누가 도와주었나요?

2 노래 방향 맞히기 놀이를 해 봅시다. 술래는 눈을 감고 들려오는 노랫소리에 귀를 기울여 보세요. 어느 쪽에서 들리는지 맞히면 이기는 놀이입니다. 술래가 아닌 사람은 화장실, 방문 뒤, 장롱 속 등에 숨어서 노래를 해 보세요.

3 적인 줄 알았던 사람이 알고 보니 내 편이었던 경우가 있었는지 아이와 이야기해 봅시다.

대화는 이렇게!

아이는 자라면서 옆에 있는 친구를 친구가 아니라 경쟁자로 여기기 쉽습니다. 상대 평가가 되어 1점 차이로 등급이 갈리고, 대학이 달라진다고 생각하니 시험을 치를 때마다 부모와 자녀가 함께 예민해지지요.
같이 공부하는 학교 친구들을 경쟁자로 생각하는 순간, 아이가 느끼는 마음은 사면초가에 처한 것 같을 거예요. 옆의 짝꿍도 이겨야 하고, 앞자리 친구도 이겨야 하고, 사방이 빵빵 경쟁자로 둘러싸인 기분이지 않을까요?
친구를 경쟁자가 아니라 같은 길을 걷는 동료라고 생각하게 해 주세요. 훨씬 더 즐겁게 공부할 수 있고, 마음이 행복해질 거예요. 혼자 가는 길은 빨리 갈 수 있지만 함께 가는 길은 멀리 갈 수 있지요. 우리 아이들이 살면서 얻어야 할 가장 큰 재산은 1등이나 학벌이 아니라 사면초가의 상황에서 함께 포위를 뚫고 갈 친구가 아닐까요?

13

사필귀정

事必歸正

일은 반드시 바른 곳으로 돌아간다

이렇게 만들어졌어요

어떤 일이 틀어져 잘못된 방향으로 흘러가는 것 같지만, 결국 올바른 방향으로 돌아가게 되어 있다. 처음에는 나쁘고 악한 것이 우세하는 것 같아 보여도, 이 세상 모든 일은 반드시 바른 원칙이 승리하게 되어 있다는 뜻이다.

이럴 때 써요

"속임수로 승승장구하던 그 사기꾼이 구속되었으니 사필귀정이다."

"그 억울한 의혹이 무혐의로 끝난 것은 사필귀정이다."

"모든 일은 사필귀정이라 했으니, 그 일도 잘 마무리될 것이다."

이렇게 써요

8획 事 事 事 事 事 事 事 事

일 사	事	事				

5획 必 必 必 必 必

반드시 필	必	必				

18획 歸 歸 歸 歸 歸 歸 歸 歸 歸 歸 歸 歸 歸 歸 歸 歸 歸 歸

돌아갈 귀	歸	歸				

5획 正 正 正 正 正

바를 정	正	正				

사필귀정	事	必	歸	正

오늘의 짝꿍 활동

1 다른 사람에게 손가락질받을까 봐 거짓말을 한 적이 있나요? 그때의 마음이 어땠는지 자녀와 함께 경험을 나누어 봅시다.

2 자녀가 겪었던 사필귀정 경험을 들어 보세요. 혹은 아직 사필귀정이 되지 않은 일에 대해 들어 보고 위로해 주세요.

3 학교나 온라인에서 친구를 따돌리거나 괴롭히는 일들이 자주 일어나고 있어요. 이런 일들은 언젠가는 반드시 드러나고 벌을 받게 되어 있다는 것을 알려 주세요. 그리고 이런 일이 일어나지 않도록 예방하는 방법에 대해 같이 이야기 나눠 봅시다.

대화는 이렇게!

잘나가는 유명인 중에 학창 시절에 학교 폭력의 가해자였다고 밝혀지는 사람이 종종 있어요. 어떤 사람은 철없던 시절의 장난이었다고 가볍게 이야기할지 모르지만, 당한 피해자에게는 너무나 큰 아픔이고 상처이기에 몇 년 혹은 몇십 년이 지나도 아물지 않고 남아 있는 것이지요. 시간이 걸려도 잘못된 일은 반드시 바로잡히게 되어 있습니다. 다른 사람을 아프게 하는 일은 아무리 사소한 일이라도 해서는 안 되겠지요.

사필귀정, 얼마나 위로가 되는 말인지 모른다.

세상에는 약삭빠른 사람도 많고, 계산 잘하는 사람도 참 많다. 그냥 자기 몫 잘 챙기는 것 정도면 좋겠는데, 다른 사람을 이용하기도 하고 잘못된 방법을 써서 자기의 이익을 취하려 한다.

문제는 그런 사람들이 교묘하게 더 잘 풀리는 것 같다는 것이다. 정직한 방법으로 차근차근 해 나가는 사람들이 바보처럼 여겨지고, 편법이나 비상식적인 방법을 이용한 사람들이 승승장구하는 경우가 많다.

아이들 문제도 마찬가지이다. 한번은 동아리 활동을 하는데, 시험을 앞두고 시간을 내어 모여서 해야 하는 활동이었다. 다들 시험이 중요하고 시험공부에 시간을 쏟아야 하는 건 알지만, 동아리 활동도 꼭 마무리해야 했다. 모두 조금씩 시간을 나누면 비교적 금방 끝낼 수 있지만, 한두 명이 빠지면 그만큼의 시간을 다른 사람들이 더 내어야 하는 상황이었다. 다들 학원을 빠지고 공부 시간을 줄일 수밖에 없었다.

그런데 한 아이가 목이 따끔거리고 열이 난다 했다. 엄마는 아이를 병원에 데려가 봐야겠다며, 다른 동아리 부원과 엄마들에게 거듭 미안하다고 했다. 아이의 건강보다 더 중요한 것은 없기에, 아이들과 엄마들 모두 미안해하지 말고 얼른 병원에 가 보라고 했다.

그런데 그다음 날, 그 아이가 병원이 아니라 학원에 갔다는 소문이 났다. 다른 아이들이 학원에서 그 아이를 보았다 했고, 그 아이 또한 그날 학원에서 나눠 준 자료를 학교에서 풀고 있었다.

참 씁쓸했다. 한편으로는 그 간절한 마음이 이해되기도 하고 한편으로는 그런 작은 일로 시시비비를 따지는 것이 치사하기도 하여 그 일을 다시 언급하지는 않았다.

그 시험의 결과가 기억나지는 않는다. 학원을 한 번도 안 빠진 그 아이가 더 좋은 점수를 받았는지, 동아리 활동에 전념했던 아이들이 더 나았는지는 모르겠다. 사필귀정이라는 말대로라면 학원을 빠졌음에도 불구하고 동아리 활동에 시간을 쏟은 아이들이 더 좋은 점수를 받아야 했겠지만, 꼭 그렇지는 않은 것 같기도 하다.

그런데 드러내 놓고 말은 안 했지만 그 아이가 신뢰를 회복하는 데에는 시간이 좀 걸렸다. 아이들도 다 안다. 사필귀정이란 좀 더 큰 틀에서 바라보아야 한다는 것을!

14

새옹지마

塞翁之馬

변방 할아버지의 말

이렇게 만들어졌어요

중국 국경에 한 노인이 살고 있었다. 어느 날 그 노인의 말 한 마리가 국경을 넘어 오랑캐 땅으로 달아나 버렸다. 마을 사람들이 위로하자, 노인은 표정 하나 변하지 않고 말했다.

"이 일이 복이 될지 누가 알겠소?"

몇 달이 지난 후 도망쳤던 말이 다른 말 한 마리를 데리고 돌아왔다. 마을 사람들이 좋겠다며 축하하자, 노인은 이번에도 좋은 기색 없이 차분하게 말했다.

"이 일이 재앙이 될지도 모르는 일이오."

얼마 후 노인의 아들이 그 말로 말타기를 하다가 떨어져 다리가 부러졌다. 마을 사람들이 안타까워하며 위로하자, 노인은 별로 슬퍼하지도 않고 편안하게 말했다.

"이 또한 복으로 바뀔지도 모르는 일이오."

1년이 지나 오랑캐가 쳐들어오자 몸이 온전한 젊은이들은 모두 전쟁터로 나가 살아 돌아오지 못했다. 그러나 노인의 아들은 다리가 아파 전쟁에 끌려 나가지 않고 목숨을 지킬 수 있었다.

새옹지마란 좋은 일이 나쁜 일의 단서가 될 수 있고, 나쁜 일이 좋은 일로 변화될 수 있으니 작은 일로 너무 기뻐하거나 슬퍼하지 말라는 뜻이다.

이럴 때 써요

"그 구단에서 퇴출당한 선수가 미국 메이저 리그에 진출했으니 새옹지마다."

"새옹지마라더니, 작년에 투자 기회를 놓친 것이 올해 더욱 큰 기회로 돌아왔다."

"그 일로 인한 아픔이 다른 사람을 이해하는 데 큰 도움이 되었으니 인생은 새옹지마다."

이렇게 써요

13획

변방 새	塞	塞				

10획

늙은이 옹	翁	翁				

4획

갈 지	之	之				

10획

말 마	馬	馬				

새옹지마	塞	翁	之	馬

오늘의 짝꿍 활동

1 좋았던 일 때문에 나쁜 결과를 얻게 된 경험이 있나요? 아니면 반대로 나빴던 일 때문에 좋은 결과를 얻게 된 경험이 있나요? 자녀와 이야기를 나누어 봅시다.

대화는 이렇게!

새옹지마는 작은 일에 너무 마음을 크게 두지 말라는 뜻입니다. 이 뜻을 너무 지나치게 생각해서, 좋은 일이 와도 다음에 나쁜 일이 생길까 봐 전전긍긍하고 불안해할 필요는 없지요. 좋은 일이 생겨도 지나치게 자랑하거나 교만하지 말고, 나쁜 일이 생겨도 너무 절망하거나 지레 포기하지 말라는 뜻으로 가르쳐 주면 좋겠어요.

2 같은 단어인데도 어느 때는 좋은 뜻으로 쓰이고, 어느 때는 나쁜 뜻으로 쓰일 때도 있어요. 그런 단어를 찾아보고 예를 들어 이야기해 봅시다.

대화는 이렇게!

이런 놀이는 어휘력 향상에 도움이 됩니다. 예를 들어 '잔소리'라는 말도 보통은 귀찮고 듣기 싫은, 부정적인 의미처럼 들리지요. 그러나 '어머니의 잔소리가 그립다'라고 하면 작은 일에도 자식을 걱정하는 어머니의 마음이란 긍정적인 뜻이 강하지요. 세상에는 이렇게 쓰임에 따라 뜻이 달라지는 단어들이 많답니다.

3 '새옹지마'처럼 동물이 등장한 사자성어나 속담에는 무엇이 있을까요? 아이와 각자 하나씩 찾아봅시다.

15

선견지명

先見之明

미리 내다보는 밝은 지혜

이렇게 만들어졌어요

중국 위나라에 양수라는 사람이 있었다. 어려서부터 총명하고 지혜로워 일찍부터 관직에 올라 조조의 오른팔이 되었다. 조조가 바쁠 때는 양수가 나랏일을 두루 살필 정도로 조조의 신임을 받았다. 나중에 조조의 아들 조비와 조식이 최고 자리를 두고 싸우는데, 양수는 조식의 편이 되었다. 그런데 조조는 최종적으로 조비에게 태자의 자리를 물려주었다. 조비가 태자가 된 후로 조식은 높은 자리에서 밀려 내려왔고, 양수는 조조에 의해 죽임을 당했다.

그러던 어느 날 조조가 양수의 아버지인 양표를 만났다. 양표는 그사이 몸이 많이 야위고 늙어 있었다. 조조가 양표에게 물었다.

“왜 그리 야위었소?”

양표가 대답했다.

“한무제 때의 김일제는 행실이 불량한 아들이 나중에 걱정거리가 될까 하여 직접 두 아들을 죽였습니다. 저는 그렇게 앞을 내다보는 지혜가 없고, 오직 늙은 소가 송아지를 핥는 것 같은 부모의 사랑만 있습니다.”

양표가 아들이 죽임을 당할 것을 미리 내다보지 못하고 말리지 못한 것을 한탄하는 말이었다. 조조는 양표의 말에 고개를 끄덕이며 미안해했다.

선견지명이란 앞일을 미리 내다볼 줄 아는 식견과 현명함을 뜻한다.

이럴 때 써요

"K-pop이 이렇게 세계에서 선풍적인 인기를 끌 것을 내다본 투자자는 선견지명이 있다."

"반도체 산업으로 세계에 우뚝 선 그 기업은 선견지명이 있었다."

"선견지명인가? 1년 전 그 해설 위원이 말한 대로 그 선수는 최고가 되었다."

이렇게 써요

6획 先先先先先先

먼저 선	先	先				

7획 見見見見見見見

볼 견	見	見				

4획 之之之之

갈 지	之	之				

8획 明明明明明明明明

밝을 명	明	明				

선견지명	先	見	之	明

오늘의 짝꿍 활동

1 앞일을 예상했는데 딱 들어맞은 경우가 있었나요? 어떤 일이었는지 자녀와 함께 이야기해 봅시다.

2 소원을 들어주는 요정이 나타나 미래의 일 한 가지를 알려 주겠다고 한다면 무엇을 물어보고 싶나요? 아이에게도 무엇이 궁금한지 물어봅시다.

3 여러분과 자녀의 5년 후, 10년 후 모습을 상상해 보세요. 어떻게 변해 있을지, 어떻게 변하면 좋을지 이야기해 보고 타임캡슐을 만들어 보관해 봅시다.

대화는 이렇게!

사실 어린이가 앞일을 내다보는 지혜를 갖기란 참 힘들어요. 어른도 갖기 힘든 일이니까요. 그러나 어른이 되어 보니, 뻔히 보이는 앞일을 자녀가 보지 못할 때는 미리 준비하는 법을 가르치는 것이 좋겠다는 생각이 들어요.

"한 단원이 끝나 가니 곧 단원 평가가 있겠구나."

"네가 이렇게 열심히 하니 좋은 결과가 있겠구나."

"자기 전에 물을 많이 마셨으니 오늘 밤엔 화장실을 자주 가겠구나."

이처럼 선견지명이란 무언가를 예언하고 점치는 것이 아니라, 계획을 잘 세워 대비할 수 있는 능력을 키우는 것이겠지요.

16

소탐대실

小貪大失

작은 것을 탐내다가 큰 것을 잃는다

이렇게 만들어졌어요

중국 진나라 혜왕은 촉나라를 공격하려 했으나 촉나라로 가는 길이 너무 좁고 험하여 포기할 상황에 놓였다. 그런데 혜왕의 신하가 이런 제안을 했다.

"촉나라의 제후는 욕심이 많다고 소문이 자자합니다. 그것을 이용하면 길을 알 수 있을 것입니다."

혜왕은 신하의 제안을 실행에 옮겼다. 먼저 돌로 소 다섯 마리를 만들게 하고 화려한 비단으로 장식하였다. 그러고는 돌로 만든 소가 지나간 자리에 황금을 두었다. 곧 '황금 똥을 누는 돌 소가 있다'는 소문이 퍼졌다. 혜왕이 이 황금 똥 누는 돌 소를 촉나라 제후에게 보내겠다고 전하자, 촉나라 제후가 백성들을 강제로 모아 넓은 길을 만들었다. 그러고는 냉큼 신하들을 보내어 소를 받아 오게 하였다.

촉나라의 신하들은 돌 소를 자신들의 성까지 끌고 갔다. 돌 소를 호위하겠다는 핑계로 이들을 뒤따르던 진나라 병사들은 성에 따라 들어가 곧바로 촉나라를 공격했다. 결국 무방비 상태였던 촉나라는 패망하였다.

촉나라 제후는 한갓 황금이라는 작은 것 때문에 나라라는 큰 것을 잃고 만 것이다.

이럴 때 써요

"주식을 하다 보면 소탐대실할 때가 많다. 작은 이익 때문에 냉큼 팔았다가는 큰 이익을 잃는 수가 생긴다."

"무분별한 개발은 환경을 망치는 지름길이니, 소탐대실이라는 것을 깨달아야 한다."

"그 식당은 부실한 재료를 쓰는 바람에 손님들을 잃어 소탐대실했다."

이렇게 써요

3획 小 小 小

작을 소	小	小				

11획 貪 貪 貪 貪 貪 貪 貪 貪 貪 貪 貪

탐할 탐	貪	貪				

3획 大 大 大

큰 대	大	大				

5획 失 失 失 失 失

잃을 실	失	失				

소탐대실	小	貪	大	失

오늘의 짝꿍 활동

1 소탐대실에서 말하는 작은 것과 큰 것은 단순히 물건의 크기만을 말하는 게 아니에요. 여러 가지 기준으로 집 안의 물건이나 사람을 비교해 봅시다. 기준은 사람의 나이나 키가 될 수도 있고, 물건의 값어치나 부피가 될 수도 있겠지요.

2 이솝 우화 <황금알을 낳는 거위>를 읽고 이야기를 나누어 봅시다.

3 작은 것에 눈독을 들이다가 큰 것을 잃었던 경험이 있다면 자녀와 이야기를 나누어 봅시다.

대화는 이렇게!

사실 소탐대실은 아이보다 어른에게 해 주고 싶은 말이지요. 아이는 별로 계산하지 않거든요. 그런데 어른들은 이렇게 재고 저렇게 재면서 조금이라도 이익인 것을 찾으려 할 때가 많지요. 아이에게 처음 휴대폰을 사 주었던 일이 기억납니다. 세상이 위험하니 아이와 연락을 해야 할 때가 있어서 벼르고 벼르다 마련했습니다. 아이에게는 휴대폰 요금이 비싸니 마구 전화를 걸면 안 된다고 단단히 일러두었지요.
그런데 어느 날 아이가 친구들에게 휴대폰을 마구 빌려주었다는 겁니다. 심지어 자기 휴대폰이 있는 아이도 우리 아이의 휴대폰을 빌려 통화를 했다고 말했습니다. 화가 난 저는 '다시는 친구들한테 휴대폰을 빌려주지 말라'고 명령했습니다.
그런데 그날 아이의 일기가 저의 뒤통수를 쳤습니다.
'친구가 내 휴대폰을 빌려 썼다. 자기 것과 다르다고 신기하다며 통화를 해 본 것이다. 그 말을 들은 엄마는 다른 친구에게 휴대폰을 절대 빌려주지 말라고 했다. 그러나 나는 앞으로도 친구들이 빌려 달라고 하면 언제든지 휴대폰을 빌려줄 것이다.'
아이는 휴대폰 요금 대신 친구를 얻었고, 저는 휴대폰 요금도 잃고 인심도 잃었습니다.

17

어부지리

漁夫之利

어부의 이익

이렇게 만들어졌어요

조나라가 연나라를 공격하려 하니, 연나라 사신 소대가 왕의 명령을 받고 조나라 혜문왕을 만나 화친하자고 설득하였다.

"이번에 제가 조나라로 오는 도중에 역수라는 강을 건너오게 되었습니다. 마침 민물조개가 강가에 나와 입을 벌리고 햇볕을 쬐고 있더군요. 그런데 황새가 그 틈에 조갯살을 쪼아 먹으려 부리를 밀어 넣는 순간, 조개가 깜짝 놀라 입을 딱 오므렸습니다. 조개껍데기에 부리를 물린 황새는 이렇게 생각했겠지요.

'오늘내일 비가 오지 않으면 조개가 바짝 말라 죽겠지?'

반대로 조개는 이렇게 생각했을 겁니다.

'오늘내일 내가 입만 안 벌리면 황새가 죽겠지?'

그러는 사이 지나가던 어부가 황새와 조개를 한꺼번에 잡아 버렸습니다. 지금 조나라가 연나라를 공격하려 하는데, 조나라와 연나라가 싸우다 지치면 진나라가 두 나라를 다 치게 될 것입니다."

조나라 혜문왕은 소대의 말을 듣고 연나라를 공격하려던 계획을 멈추었다.

이렇듯 어부지리는 양 팀이 다투는 중에 엉뚱한 제3자가 이익을 얻게 되는 것을 말한다.

이럴 때 써요

"두 기업이 소송으로 분쟁하는 동안, 새로운 기업이 어부지리로 최강자의 자리에 올랐다."

"어부지리의 연속! C팀의 승리로 A팀과 B팀이 플레이오프에 진출했다."

"두 후보 간의 진흙탕 싸움 때문에 제3의 인물이 어부지리로 당선되었다."

이렇게 써요

14획 漁漁漁漁漁漁漁漁漁漁漁漁漁漁

고기 잡을 어	漁	漁				

4획 夫夫夫夫

사내 부	夫	夫				

4획 之之之之

갈 지	之	之				

7획 利利利利利利利

이로울 리	利	利				

어부지리	漁	夫	之	利

오늘의 짝꿍 활동

1 둘이 싸우는 바람에 엉뚱한 사람이 이익을 보거나 오히려 자신이 손해를 본 경우가 있었나요? 아이도 그런 경험이 있는지 이야기 나누어 봅시다.

대화는 이렇게!

아이들이 자라면서 부모님과 다투는 경우가 종종 있습니다. 어릴 적에는 부모님께 혼난다고 했는데, 크고 나서는 부모님과 싸운다는 표현을 합니다. 자식을 더 이상 어린애로 보지 않고 동등한 인격체로 대하기에 의견의 충돌을 '싸운다'라고 표현하지만, 들을 때마다 씁쓸합니다. 부모와 자식은 싸우는 존재가 아니라, 영원한 내 편입니다.

간혹 사춘기 아이들이 부모보다 친구를 더 가까이 여기고 부모를 이 세상에서 가장 먼 존재로 생각합니다. 부모 또한 이 아이가 그 귀여웠던 아이가 맞나 싶을 정도로 자식이 낯설어지기도 합니다. 그래서 더욱 치열하게 싸우면서 순종적인 아이로 만들려 하지요. 그러나 그렇게 치열하게 싸우면서 이익을 보는 것이 과연 부모일까요? 혹은 우리의 자녀일까요? 절대 그렇지 않습니다. 결국 부모와 자식이 조개와 황새가 되어 서로를 다치게 하고 맙니다. 자녀와 싸우기 전에 우선 자녀의 말을 '끝까지' 들어 주세요. 끝까지 들어 주는 것만으로도 우리 아이와 싸울 일이 한결 줄어들 겁니다.

2 친구와 싸우고 나서 화해하는 방법은 어떤 것이 있을까요? 황새나 조개처럼 끝까지 버티는 법 말고 지혜롭게 화해하는 법을 이야기해 봅시다.

3 자신이 황새나 조개라면 어떻게 했을까요?

대화는 이렇게!

어부지리의 근본적인 원인은 황새와 조개의 싸움입니다. 황새와 조개가 서로 싸우지 않았더라면 엉뚱한 제3자가 이익을 볼 수도 없었을 테고, 무엇보다 황새와 조개는 목숨을 구할 수 있었을 거예요.

내 주변의 사람과 경쟁해서 반드시 이겨야 한다는 생각을 버리고, 함께 사는 방법을 구하면 훨씬 더 오래 버틸 수 있지요.

18

역지사지

易地思之

처지를 바꾸어 생각하다

이렇게 만들어졌어요

중국 하나라를 세운 우임금은 홍수와 가뭄을 잘 대비하여 백성을 편안하게 해 주었다. 또 후직은 훗날 농사의 신으로 모셔질 만큼 농업을 잘 관장했다. 두 사람은 태평성대에 나라와 백성을 편안하게 하는 정책을 편 인물이다.

한편 공자의 제자 안회라는 사람은 어지러운 시대에 태어나 궁핍한 동네에서 매일 밥 한 그릇과 물 한 그릇으로 살았다. 다른 사람들은 견디지 못할 정도의 가난한 삶이었지만, 그는 가난을 편안하게 여기면서 도를 즐기는 안빈낙도의 태도를 지켰다.

훗날 맹자는 이렇게 말했다.

"우임금과 후직, 안회는 모두 같은 길을 걸은 사람들이다. 그들은 서로 처지가 바뀌었더라도 같게 행동했을 것이다."

즉 우임금과 후직이 어지러운 시대에 태어났다면 안회처럼 안빈낙도의 삶을 살았을 것이고, 안회가 태평성대에 살았다면 백성과 나라를 위해 힘썼을 것이라는 뜻이다.

역지사지는 여기서 뜻이 발전하여, 다른 사람과 나의 입장을 바꾸어 생각해 보고 상대방의 처지를 헤아려 본다는 의미가 되었다.

이럴 때 써요

"역지사지의 마음으로 정성을 다해 업무를 처리하는 따뜻한 경찰이 되겠습니다."

"직원과 사장을 모두 경험하고 역지사지의 지혜를 배웠습니다."

"교사가 학생이 되고 학생이 교사가 되는 역지사지 교육법을 진행하였다."

이렇게 써요

8획 易 易 易 易 易 易 易 易

바꿀 역	易	易				

6획 地 地 地 地 地 地

땅 지	地	地				

9획 思 思 思 思 思 思 思 思 思

생각 사	思	思				

4획 之 之 之 之

갈 지	之	之				

역지사지	易	地	思	之

오늘의 짝꿍 활동

1 앤서니 브라운의 그림책《아기가 된 아빠》에서 존의 아빠는 음료를 마시고 다음 날 아기가 됩니다. 엄마, 아빠가 아기가 된다면 어떻게 할지 아이에게 질문해 보세요. 함께 책을 읽고 이야기를 나누어도 좋겠어요.

2 부모님은 언제 아이로 돌아가고 싶은지 이야기해 봅시다. 또 자녀는 언제 어른이 되고 싶은지 들어 봅시다.

3 아이가 제시하는 상황에 대해 역지사지 역할놀이를 해 봅시다. 아이가 속상하거나 억울했던 날, 아이가 화가 나거나 즐거웠던 날 등을 꼽아 보고 그날 부모와 아이의 역할을 바꾸어 되새겨 봅시다. 역지사지를 통해 상대방의 마음이 어떠했을지 생각해 보고 느낀 점을 이야기해 봅시다.

대화는 이렇게!

누구나 자신만의 생각과 기준이 있지요. 지금 부모에게는 산더미처럼 쌓인 설거지와 회사 일이 중요하고 시급한데, 자녀에게는 그보다는 새로 생긴 떡볶이집이나 발야구에서 이긴 일이 더 중요하고 급한 문제일 수 있습니다.

"학교 앞에 떡볶이집이 새로 생겼어요. 엄청 맛있대요." "어."

"내 친구들은 벌써 가 봤대요." "응."

신나서 혹은 속상해서 말하는 아이에게 부모가 듣는 둥 마는 둥 건성으로 대답하면, 아이는 자신의 말에 귀 기울이지 않는 부모님에게 마음을 닫게 될지도 모릅니다.

아이가 역지사지하여 부모의 입장을 헤아리기는 조금 힘들고 벅찹니다. 아이는 부모가 되어 보지 못했으니까요. 하지만 부모는 아이였던 적이 있습니다. "라떼는 말이야~!" 하면서 공감할 수 없는 말들로 아이에게 잔소리하지 말고, 아이의 입장에서 소중한 것의 가치를 떠올려 봅시다.

부모가 아이였을 때 대접받고 싶었던 대로 지금 우리 아이를 대접해 줍시다. 그러면 아이의 마음이 한결 이해되고, 아이와 성큼 가까워져 있을 거예요.

19

외유내강

外柔內剛

겉은 부드럽고 속은 강하다

이렇게 만들어졌어요

당나라에 노탄이라는 사람이 있었다. 노탄이 관직에 올랐을 때 황제가 절도사로 요남중을 임명하였다. 당시 군대 감독관이었던 설영진이 요남중을 반대하였다.

"요남중은 행동이 말랑말랑하고 겁이 많으므로 절도사에 적합하지 않습니다."

그러나 노탄은 요남중을 두둔하였다.

"요남중은 겉은 부드러워 보이나 속은 강한 외유내강의 사람입니다. 요남중을 절도사로 임명하는 데 동의합니다."

이처럼 외유내강은 겉은 부드럽고 약해 보이지만, 내면은 단단하고 굳세어 강한 의지와 마음을 갖고 있다는 뜻이다.

이럴 때 써요

"이 자동차의 새로운 디자인은 겉은 부드러우면서 내부는 강력한 외유내강 전략을 썼다."

"저 사람은 외유내강의 리더십을 갖추고 있어, 많은 사람이 따른다."

"저 선수는 외유내강인 타입이라 이번 슬럼프도 잘 이겨 낼 것이다."

이렇게 써요

5획 外 外 外 外 外

바깥 외	外	外				

9획 柔 柔 柔 柔 柔 柔 柔 柔 柔

부드러울 유	柔	柔				

4획 內 內 內 內

안 내	內	內				

10획 剛 剛 剛 剛 剛 剛 剛 剛 剛 剛

굳셀 강	剛	剛				

외유내강	外	柔	內	剛

오늘의 짝꿍 활동

1 겉은 부드럽지만, 속은 단단한 것에는 뭐가 있을까요? 아이와 함께 찾아봅시다.

2 여러분의 성격은 다음의 네 가지 유형 중 어디에 속할까요? 그렇게 생각하는 까닭은 무엇인가요? 아이에게도 물어보고 함께 이야기해 봅시다.

외유내강형, 외유내유형, 외강내유형, 외강내강형

3 바깥 외(外) 혹은 안 내(內)의 한자가 들어가는 단어를 자녀와 함께 찾아보세요.

대화는 이렇게!

외유내강! 참 어렵고도 아리송한 말입니다. 겉은 다정하게 굴면서 속은 단단하게 하라는 것인지, 겉과 속을 달리하라는 것인지 헷갈리지요.

여기서 '외'는 타인을 향한 것이고, '내'는 자신을 향한 것이 아닌가 생각해 봅니다. 즉 타인에게는 부드럽지만, 자신에게는 강하고 엄격하라는 뜻이요. 타인에게는 무뚝뚝한 것이 아니라 부드럽게 포용하고 이해의 폭을 넓히지만, 자신에게는 좀 더 강인한 정신력과 단단한 행동을 요구하는 것이 진정한 외유내강 아닐까요?

'실패는 성공의 어머니'라는 말이 있지만, 정작 실패를 맞닥뜨렸을 때 저런 말을 떠올리면서 다음을 기약하는 사람은 그리 많지 않아요. 우선은 실패가 아프고 속상하고 고통스럽지요. 그럴 때 성공한 다른 사람을 향해서는 진심으로 축하하고 웃어 주지만, 자신에게는 여기에서 포기하지 않고 다음에는 더 노력해서 반드시 성공하겠다는 다짐을 되새기는 것이 외유내강의 사람입니다.

예전에는 겉은 강하지만, 알고 보면 속은 부드러운 차도남, 차도녀 스타일이 인기였다면 지금은 겉은 더없이 부드럽고 스윗하지만, 어지간한 좌절과 절망에 상처받지 않고 쓰러지지 않는 강한 정신을 가진 사람이 각광받고 있지요.

우리 아이 인생이 매일 성공으로만 이어질 수는 없답니다. (그랬으면 좋겠지만요!) 잘 실패하는 방법, 실패 후 툭툭 털고 일어나 성공의 발판으로 삼는 방법을 가르쳐 주는 것이 부모의 역할이겠지요. 그것이 우리 아이를 외유내강의 사람으로 키우는 첫걸음일 겁니다.

20

우공이산

愚公移山

어리석은 사람이 산을 옮긴다

이렇게 만들어졌어요

옛날 중국 북산에 우공이라는 사람이 살았다. 우공은 나이가 90살이었는데, 태행산과 왕옥산 사이에 살았다. 그런데 두 산이 워낙 높아 우공과 그의 가족들이 다니는 데 어려움이 있었다. 어느 날 우공이 가족들을 모아 놓고 말하였다.

"우리가 힘을 합쳐 두 산을 파내어 옮기는 것이 어떻겠느냐?"

가족들이 모두 좋다고 하였으나, 우공의 아내만 반대하였다.

"당신의 힘으로는 작은 언덕 하나 파헤치기 힘든데, 어찌 그 큰 산을 옮긴단 말입니까? 게다가 그 많은 흙은 어쩌려고요?"

우공은 흙을 주변 바다에 버리면 된다며, 기어코 흙을 파서 산을 옮기기 시작했다.

하곡의 지수라는 사람이 늙은 우공이 산을 옮긴다는 소식을 듣고 크게 비웃었다. 그러자 우공이 태연히 말했다.

"걱정 마시오. 내가 죽으면 내 자식이 계속할 것이고, 내 자식이 늙어 죽으면 내 손자들이 계속할 것이요. 손자들이 늙으면 그 자손들이 또 계속할 것이오. 그러니 그것이 무슨 걱정이오?"

이 이야기를 들은 산신이 걱정하여 하느님께 하소연했다.

"잘못하면 우공 때문에 제 산들이 없어지겠습니다. 우공을 막아 주십시오."

하느님이 그 이야기를 듣고 오히려 우공의 정성에 감동하였다. 그리하여 두 산을 다른 곳으로 옮겨 주었다. 이때부터 우공이 살던 곳이 평평하게 되었다.

어리석은 일처럼 보이지만 어떤 일이든 끊임없이 노력하면 반드시 이루어진다는 뜻이다.

이럴 때 써요

"**우공이산**의 자세로 꾸준히 노력하겠습니다."

"한 노파가 **우공이산**의 마음으로 동네에 꽃을 심기 시작하였고, 7년 후에는 마을 전체가 꽃 동네가 되었다."

"교육은 **우공이산**의 정신이 필요하다. 처음엔 변화가 보이지 않지만, 먼 미래를 대비해야 한다."

이렇게 써요

13획 愚

어리석을 우	愚	愚				

4획 公

공평할 공	公	公				

11획 移

옮길 이	移	移				

3획 山

산 산	山	山				

우공이산	愚	公	移	山

오늘의 짝꿍 활동

1 아이와 함께 놀이터에서 모래로 산을 쌓아 봅시다. 쌓을 수 있는 한 높이 쌓은 후, 숟가락으로 한 숟가락씩 떠서 옆으로 옮겨 봅시다.

2 집에서 가장 오래된 물건을 찾아봅시다. 그 물건의 처음을 떠올려 보고, 그동안 어떤 변화가 생겼는지 살펴봅시다.

3 아주 작은 일이지만, 꾸준히 했더니 결국 변화가 생긴 일을 찾아봅시다.

대화는 이렇게!

교육이야말로 '백년지대계', 즉 먼 미래를 바라보고 행하는 큰 계획이라고 합니다. 당장은 변화가 보이지 않지만, 교육을 잘 시킨 사회는 100년 뒤에 성장해 있을 것이고 교육을 등한시한 사회는 퇴보해 있을 것입니다.

한 아이의 엄마가 아이를 업고 계단을 오르내릴 때마다 "하나, 둘, 셋…" 했더니, 어느 날은 등에 업힌 아이가 계단 앞에서 먼저 "하나, 둘, 셋" 하고 세더랍니다.

계란으로 바위 치기라는 속담이 있지만, 빗물이 바위를 뚫는다는 말도 있습니다. 꾸준함은 결국 모든 것을 이깁니다. 밥을 한 끼 먹었다고 키가 크고 몸무게가 확 늘지는 않지만, 꾸준히 잘 먹으면 키가 쑥쑥 크고 몸이 커지는 것과 같은 이치입니다. 당장 눈에 보이는 변화가 없더라도 아이가 힘들어하지 않도록 응원하고 작은 변화도 미세하게 알아채는 것이 부모의 역할 아닐까요?

그리고 부모님도 지치지 마세요. 산은 반드시 옮겨집니다.

21

우이독경

牛耳讀經

소귀에 경을 읽는다

이렇게 만들어졌어요

우이독경은 다산 정약용이 세상에 떠도는 속담을 수집하여 펴낸 책《이담속찬》에 나오는 말이다.

소의 귀에 바싹 대고《논어》,《맹자》심지어《성경》등 훌륭한 책을 아무리 읽어 줘도, 소는 도통 알아듣지 못하고 눈만 끔벅끔벅 뜰 뿐이다. 이처럼 좋은 말이나 가르침을 주어도 아예 관심이 없어 듣지 않거나 알아듣지 못한다는 뜻이다. 흔히 벽에 대고 말하는 것과 같다는 표현과 같다.

이럴 때 써요

"안전에 주의하라고 아무리 말해도 우이독경이다."

"저 두 나라는 우이독경의 외교를 벗어나야 한다."

"워낙 컴퓨터에 무지하다 보니, 아무리 설명해 줘도 우이독경이다."

이렇게 써요

4획 牛 牛 牛 牛

소 우	牛	牛				

6획 耳 耳 耳 耳 耳 耳

귀 이	耳	耳				

22획 讀

읽을 독	讀	讀				

13획 經 經 經 經 經 經 經 經 經 經 經 經 經

경전 경	經	經				

우이독경	牛	耳	讀	經

오늘의 짝꿍 활동

1 우이독경 놀이를 해 봅시다. 가족끼리 팀을 짠 뒤, 한 사람은 이어폰을 끼고 신나는 음악을 듣고, 한 사람은 상대 팀이 써 준 단어나 속담 등을 말합니다. 몸을 쓰지 말고, 오로지 입 모양을 보고 알아맞히는 게임입니다. 어느 팀이 많이 맞혔나요?

2 아이와 함께 집에서 고구마나 양파를 물이 담긴 컵에 넣고 키워 봅시다. 한쪽에는 "사랑해, 귀여워" 등의 좋은 말을 들려주고, 한쪽에는 "미워, 싫어" 같은 나쁜 말을 해 줍니다. 녹음된 내용을 들려줘도 좋습니다. 일주일 후에 어떤 변화가 생겼나요?

3 부모가 아이에게 가장 많이 하는 말은 무엇인가요? 또 아이가 부모에게 가장 많이 하는 말은 무엇인가요? 반대로 아이가 부모에게 가장 많이 들은 말은 무엇인지, 부모가 아이에게 가장 많이 들은 말은 무엇인지 적어 보세요.

대화는 이렇게!

아이가 가장 많이 한 말과 부모가 아이에게 가장 많이 들은 말이 같나요? 또 아이의 답과 부모의 답이 같나요? 만약 같지 않다면 상대방의 말을 새겨듣지 않았다는 것이겠네요. 답이 같다면 적어도 우이독경은 아니었을 거고요.
부모가 자녀에게 가장 듣고 싶은 말도 적어 봅시다. 뻔하고 뻔하지만, 그래도 계속 듣고 싶은 말, 다 아시죠?

부모 에세이

소귀에 경 읽기라면 사춘기 아이가 딱 떠오른다. 어릴 때 "아빠!", "엄마!" 하고 달려들던 그 귀여운 아이는 어디론가 사라졌다. 그 대신 지지리도 말 안 듣는, 그야말로 우이독경인 아이가 나타나 아무리 얘기를 해도 듣지 않고 심지어 듣는 시늉도 안 한다. 요즘은 사춘기도 빨리 와서 초등학교 3, 4학년 때 이미 사춘기의 초입에 들어선다.

한 엄마는 아이의 어릴 적 사진을 많이 찍어 놓은 덕분에 굳게 닫힌 아이 방문에 사진을 붙여 놓고 그때를 떠올린다고 한다. 그래야 닫힌 방문을 열어 볼 용기가 생긴다면서 말이다. 한 아빠는 우이독경인 자신의 아이에 대해 한탄했더니, 다른 아빠가 깊게 한숨을 쉬며 이야기했단다.

"그래도 그 집 아들은 집에 들어오잖아."

그런데 문득 이런 생각이 들었다. 소가 정말 못 알아들을까? 소가 경전에 담긴 심오한 진리와 철학적 의미는 알아차리지 못해도, 귀에 들어오는 말이 나쁜 말인지, 좋은 말인지는 알 것이다. 말에는 온도가 있다. 그 내용을 구체적으로 알아듣지는 못해도 대체로 좋은 이야기인지 아닌지는 알아차릴 수 있을 것이다.

고구마와 양파 등의 뿌리 식물을 물컵에 담아 두고 한쪽에는 "고마워, 사랑해" 등의 말을 계속 들려주고, 다른 한쪽에는 "싫어, 짜증 나" 등의 부정적인 말을 들려주었던 실험이 있다. 그랬더니 신기하게도 좋은 말을 들은 식물은 튼튼하고 커다랗고 윤기 있게 자라는 반면, 나쁜 말을 들은 식물은 비리비리하고 힘이 없으며 얼마 자라지도 못하더라는 것이다. 하물며 귀가 없는 식물도 말의 온도를 알아챈다. 그래서 농사를 지을 때나 가축을 기를 때 듣기 좋은 클래식 음악을 틀어 놓아 농작물을 잘 자라게 하고 가축의 스트레스를 줄이기도 한단다.

동식물도 이렇게 좋은 소리를 알건만, 사춘기의 우리 아이들은 왜 우이독경이 될까?

신경심리학자 폴 맥린은 사춘기 때 뇌의 전전두피질이 활발해지고 왕성해지느라 매우 어수선하고 체계적으로 판단하기 힘들어진다고 한다. 때문에 감정을 조절하고 충동을 통제하기가 힘들어지는 것이 당연하다는 것이다.

아이 스스로도 자신이 왜 이리 화가 나고 감정적인지 몰라 방황하는 시기인데, 옆에서 잔소리와 꾸중이 계속되니 귀와 마음을 닫아 버리는 것은 아닐까? 자꾸 잽을 날리다 보면 아이도 일종의 맷집이 생겨서, 그 순간 다른 생각을 하거나 머릿속으로 노래를 부르는 등 일종의 돌파구를 마련한다(우리 아이가 그랬다).

큰 틀만 정해 주고 그 틀만 벗어나지 않는다면 부모가 잠시 기다려 줘도 괜찮다. 아이를 소 취급하지 말고, 부모가 소였던 적은 없는지 뒤돌아보자. 아이의 말을 무심히 흘려듣고 요구를 무시한 적은 없는지 살펴보자. 부모의 사랑이 기다리는 한, 아이는 반드시 돌아온다.

22

유비무환

有備無患

준비가 있으면 걱정이 없다

이렇게 만들어졌어요

중국 춘추 전국 시대에 정나라가 송나라를 침략하자, 송나라는 진나라에 급히 도움을 요청했다. 진나라의 왕 도공은 다른 나라에 사신을 보내어 연합군을 만든 후, 부하인 사마 위강의 지휘 아래 정나라의 도성을 포위하였다. 정나라는 결국 연합군과 서로 공격하지 않겠다는 조약을 맺었다.

남쪽의 큰 나라였던 초나라는 정나라와 연합군의 분위기가 심상치 않음을 느끼고, 정나라를 공격하였다. 정나라는 초나라와도 화친 조약을 맺을 수밖에 없었다.

연합군은 정나라의 이런 이중적인 태도에 불만을 품고 정나라를 공격했다. 그때 진나라 도공이 나서서 연합군에게 정나라의 상황을 잘 설명해 주어 위기를 넘겼다. 고마움을 느낀 정나라와 화친을 맺고자 하는 연합군은 진나라 도공에게 많은 보물을 보냈다.

도공이 위강에게 이 보물의 반을 주려고 하자, 위강은 사양하면서 이렇게 말했다.

"지금 여러 나라를 단결하여 연합시키고 나라를 안정되게 한 것은 폐하의 공로이지, 저의 역할은 없습니다. 다만 저는 나라가 평화로울 때 폐하께서 앞으로 있을 많은 일을 생각하시길 바랄 뿐입니다. 옛사람이 '평안할 때 위태로움을 생각하라. 생각하면 준비해야 할 것이고, 준비하면 걱정할 것이 없다.'라고 하였습니다. 저는 이 도리를 따른 것뿐입니다."

위강의 말을 들은 도공은 다른 나라로부터 받은 보물을 모두 돌려주고 덕을 쌓았다고 한다.

이럴 때 써요

"여름철 장마에 대비하여 철저한 유비무환의 자세를 가져야 한다."

"전동 킥보드를 탈 때 헬멧 착용을 의무화한 것은 유비무환을 위해서이다."

"유비무환으로 부지런히 건강을 챙겨야 행복한 노년을 맞이할 수 있다."

이렇게 써요

6획 有 有 有 有 有 有

있을 유	有	有				

12획 備 備 備 備 備 備 備 備 備 備 備 備

갖출 비	備	備				

12획 無 無 無 無 無 無 無 無 無 無 無 無

없을 무	無	無				

11획 患 患 患 患 患 患 患 患 患 患 患

걱정 환	患	患				

유비무환	有	備	無	患

오늘의 짝꿍 활동

1 자녀가 태어나기 전 부모님이 어떠한 준비를 했는지, 유비무환의 마음으로 철저하게 준비해서 자녀를 맞이한 이야기를 들려주세요.

2 부모님도 준비물을 깜빡 잊어서 당황한 경험이 있을 거예요. 또 준비를 잘한 덕분에 걱정 없이 모든 일을 잘 마친 적도 있겠죠. 두 가지 경우를 생각해 보고 자녀와 이야기해 봅시다. 자녀가 준비를 잘했다면 많이 칭찬해 주고, 종종 깜빡했다면 격려해 줍시다.

3 체크리스트를 사용하면 계획한 일을 잊지 않고 꼼꼼하게 진행할 수 있어요. 체크리스트 만드는 법을 자녀에게 이야기해 주세요. 자녀와 함께 개성이 듬뿍 담긴 체크리스트를 만들어 봅시다.

대화는 이렇게!

아이가 어릴수록 준비물을 챙겨 줘야 할 때가 많습니다. 요즘은 학교에서 준비해 주는 준비물도 많지만, 그래도 간혹 가져가야 할 것들이 있어요.

깜빡하기 쉬운 소소한 준비물을 두 개씩 챙겨 보내면 어떨까요? 혹시 안 가져온 친구가 있다면 나눠 쓰도록 말이에요. 이때 중요한 것은 준비물을 안 가져온 친구가 무안하지 않게 나눠 주는 겁니다. 이렇게 몇 번 준비해 주면, 아이 스스로 준비물을 여유 있게 챙겨 가게 되고, 자연스럽게 다른 사람과 나누는 법을 배우게 됩니다. 어쩌다 우리 아이가 준비물을 안 챙기게 되면 도움을 받았던 친구가 우리 아이에게 손을 내밀 수도 있겠지요.

친구와 나눌 줄 알고, 자신이 어려울 때는 도와줄 친구를 갖는 것이야말로 진정한 유비무환 아닐까요?

23

이심전심

以心傳心

마음으로 마음을 전하다

이렇게 만들어졌어요

어느 날 석가가 제자들을 한곳으로 모았다. 석가는 제자들을 보고는 말없이 연꽃 한 송이를 집어 들고 살짝 비틀어 보였다. 제자들은 석가의 행동이 무슨 뜻인지 몰라 어리둥절하였는데, 오직 제자 가섭만은 그 뜻을 알아채고 빙그레 웃었다. 가섭과 눈이 마주친 석가는 이렇게 말했다.

“나에게는 정법안장(인간이 본래 갖추고 있는 마음의 매우 뛰어난 덕), 열반묘심(번뇌를 벗어나 진리에 도달한 마음), 실상무상(변하지 않는 진리), 미묘법문(오묘한 불법으로 들어가 진리를 아는 길), 불립문자 교외별전(언어나 경전에 의하지 않고 마음에서 마음으로 전하는 오묘한 진리)이 있다. 이것을 너에게 전해 주마.”

석가는 제자 가섭에게 불교의 진리를 말이나 글을 사용하는 것이 아닌, 마음에서 마음으로 전하는 방법으로 전하였다.

이심전심이란 따로 표현하지 않아도 마음이 서로 통하는 것을 의미한다.

이럴 때 써요

“그 팀은 이심전심 팀워크로 이번 대회에서 우승을 거머쥐었다.”

“코로나19로 모든 국민들이 힘들다는 데에는 여당과 야당이 이심전심으로 통했다.”

“말하지 않아도 사람의 마음을 인식해서 명령을 수행해 주는 이심전심 로봇이 나올까?”

이렇게 써요

5획 以 以 以 以 以

써 이	以	以				

4획 心 心 心 心

마음 심	心	心				

13획 傳 傳 傳 傳 傳 傳 傳 傳 傳 傳 傳 傳 傳

전할 전	傳	傳				

4획 心 心 心 心

마음 심	心	心				

이심전심	以	心	傳	心

오늘의 짝꿍 활동

1 이심전심 놀이를 해 봅시다. 각자 종이에 제시어를 두 개씩 씁니다. 한 사람이 제시어를 말하면 나머지 두 사람은 3초 안에 하나를 골라 말합니다. 예를 들어 "예쁘고 맛없는 사과, 못생기고 맛있는 사과" 중 하나를 고르는 것이지요. 가족 중에 가장 마음이 맞는 사람은 누구인가요?

2 텔레파시 놀이를 해 봅시다. 부모님이 자녀에게 10초 동안 텔레파시를 보낸 후, 자녀에게 부모님이 생각한 단어를 맞혀 보라고 하세요. 반대로 자녀가 보낸 텔레파시도 받아 보세요. 너무 광범위하다면 먼저 주제를 정해 보세요. 음식, 영화, 아이돌, 노래 등으로 범위를 좁혀 텔레파시를 보내요. 서로 잘 맞히는 경우도 있고, 하나도 못 맞힐 수도 있어요. 이심전심이 잘 안 되었더라도 자녀가 실망하지 않도록 도와주세요. 앞으로 더 많이 표현하고 잘 들어 주면 되니까요.

대화는 이렇게!

아이를 키울 때 처음부터 이심전심을 기대하긴 어렵습니다. 말하지 않아도 부모의 사랑을 알아주길 바라는 것은 마치 텔레파시를 정확히 알아들어 달라는 것과 같지요.

아이는 부모의 마음을 알아차리지 못하고 간섭이나 잔소리로 알아들을 때가 많습니다. 아이의 부족한 표현력과 바쁜 일상 때문에 부모도 아이의 마음을 잘 알아차리지 못합니다. 그래서 더 많이 표현하고 더 많이 들으려 노력해야 합니다. "사랑해", "힘들었구나", "정말 수고했다" 등 지금 당장 아이에게 해 줄 수 있는 말을 아끼지 마세요. 그런 노력이 뒷받침되어야 먼 훗날 말하지 않아도 마음이 느껴지는 이심전심이 가능해지지 않을까요?

3 자녀와 함께 각자 지금의 기분을 그림으로 그려 봅시다. 서로의 그림을 보며 상대방이 어떤 기분인지 이야기해 봅시다.

24

일거양득

一擧兩得

하나를 들어 둘을 얻는다

이렇게 만들어졌어요

중국 한나라와 위나라는 1년이 넘게 싸우고 있었다. 진나라 혜왕이 두 나라를 화해시키려 하자, 진진이라는 신하가 나서서 말했다.

“옛날 호랑이 두 마리가 소를 잡아먹으려 하자, 변장자라는 사람이 호랑이를 찔러 죽이려 했습니다. 그러자 여관 심부름하는 아이가 변장자를 말리면서 이렇게 말했다지요. ‘호랑이 두 마리가 소를 잡아먹으려 하니, 먹어 봐서 맛이 좋으면 분명히 서로 싸울 것입니다. 그렇게 싸우면 더 강한 놈은 상처를 입고 약한 놈은 죽게 될 겁니다. 그때 상처 입은 놈을 찔러 죽이면 한꺼번에 호랑이 두 마리를 잡을 수 있지요.’ 변장자가 듣고 맞는 말이라고 여겨 기다리다가, 호랑이 두 마리를 잡았습니다.

지금 한나라와 위나라도 호랑이가 싸우는 격입니다. 곧 작은 나라는 망할 것이고, 큰 나라도 오랜 전쟁에 지칠 것입니다. 이때를 기다렸다가 큰 나라를 치면 한꺼번에 둘을 얻을 것입니다.”

진진의 말을 들은 진나라 혜왕은 두 나라를 화해시키지 않고 기다리다가 작은 나라가 망했을 때 큰 나라를 쳐서 둘을 모두 얻었다.

일거양득이란 이처럼 한 가지 행동으로 두 가지 이익을 얻는 것을 말한다.

이럴 때 써요

"농산물 직거래로 도시와 농촌을 함께 살리는 일거양득 교류 활동이 눈길을 끌고 있다."

"생태계도 살리고 일자리도 창출하는 생태 보호 공공 일자리 사업이 일거양득 효과를 얻고 있다."

"올바른 재활용 문화가 정착되어 환경 보호는 물론 예산 절감의 일거양득 효과를 톡톡히 보고 있다."

이렇게 써요

1획 一

하나 일	一	一				

18획 擧 擧 擧 擧 擧 擧 擧 擧 擧 擧 擧 擧 擧 擧 擧 擧 擧 擧

들 거	擧	擧				

8획 兩 兩 兩 兩 兩 兩 兩 兩

두 양	兩	兩				

11획 得 得 得 得 得 得 得 得 得 得 得

얻을 득	得	得				

일거양득	一	擧	兩	得

오늘의 짝꿍 활동

1 아이와 함께 수납이 되는 의자, 지우개가 달린 연필, 각종 모양으로 자를 수 있는 칼 등 집에서 일거양득이 되는 물건을 찾아봅시다.

2 버릴 뻔한 물건을 재활용하여 쓰레기도 줄이고 경제적 효과도 거두는 것을 업사이클링이라고 해요. 업사이클링한 물건을 자녀와 함께 찾아봅시다.

3 한 가지 일로 부모와 자녀가 모두 좋았던 일이 있나요? 아이와 함께 이야기해 봅시다.

대화는 이렇게!

이때 공부 이야기는 부모님이 먼저 꺼내지 않는 게 좋아요. 보통 부모님은 "공부를 열심히 하니 너도 좋은 성적 받아서 좋고 엄마, 아빠도 기분 좋고" 이런 생각이 가장 먼저 들 거예요. 그러나 이 말에는 부모와 자녀가 모두 열심히 공부하는 것을 즐거워한다는 전제가 깔려 있어요. 자녀가 먼저 이야기했다면 상관없지만, 부모님이 먼저 이렇게 공부 이야기를 하면 아이가 부담을 느낄 수 있거든요.

"갈치를 구웠더니 아빠도 좋아하고, 너도 좋아하고", "이 책을 읽으니 사자성어도 배우고, 대화도 많이 하게 되고" 등 가벼운 것부터 찾아봅시다.

부모 에세이

일거양득 고사를 잘 읽어 보면 작은 아쉬움이 있다. 변장자는 호랑이 두 마리를 얻었을지 모르지만 소를 잃었을 것이다. 진나라는 한나라와 위나라를 다 얻었을지 모르지만, 진나라 또한 군대를 일으켜 전쟁을 했으니 백성들이 다치거나 죽었을 것이다. 또 점령당한 한나라와 위나라 백성들도 진나라를 마음으로부터 복종하지는 않았을 것이다.

한꺼번에 두 가지를 얻으면 참 좋겠지만, 때로는 과한 욕심이 안 좋은 결과로 이어지기도 한다. 소고기 미역국도 먹고 싶고 시금치된장국도 먹고 싶다고 미역과 시금치를 한꺼번에 넣고 국을 끓이면 맛이 이상해지는 것처럼, 때로는 하나를 포기해야 더 좋은 것을 얻을 수 있다.

25

작심삼일

作心三日

마음먹은 것이 사흘을 못 간다

이렇게 만들어졌어요

무언가를 하려고 결심하고 마음먹은 것을 사흘이 못 가 포기한다는 뜻이다. 무언가를 하려고 마음먹는 것은 쉽지만, 그것을 꾸준히 해내는 것은 어렵다는 의미이다.

이럴 때 써요

"운동의 작심삼일을 넘어서려면 운동하는 시간이 즐거워야 합니다."

"작심삼일이 되더라도 새해에는 계획을 세워 봅시다."

"작심삼일? 한 땀 한 땀 오늘을 인증하면 결심이 습관이 됩니다."

이렇게 써요

7획 作

지을 작	作	作				

4획 心

마음 심	心	心				

3획 三

셋 삼	三	三				

4획 日

날 일	日	日				

작심삼일	作	心	三	日

오늘의 짝꿍 활동

1 작심삼일 했던 경험이 있나요? 목표를 향해 나아갈 때 포기하게 만드는 가장 큰 걸림돌이 무엇인가요?

2 세웠던 목표 중 꾸준히 지켜서 자랑스러웠던 경험이 있나요?

3 지금 이루고 싶은 목표를 아이와 함께 정하고 그것을 실천할 수 있는 계획표를 만들어 보아요.

대화는 이렇게!

목표는 작은 것부터 세우는 것이 좋아요. 너무 거창하면 지키기 어렵고, 지키지 못하는 자신에게 실망하여 다음부터는 목표도 세우지 않게 되거든요.

자녀와 함께 목표를 세우고 일주일간 잘 지켰는지 서로 지켜봐 주세요. 작은 목표도 괜찮아요. 일주일간 편식 안 하기, 일찍 일어나기, 게임 안 하기, 방 청소하기 등등 충분히 할 수 있는 작은 것으로요.

부모님의 목표도 작은 것으로 세워 보세요. 일주일간 화내지 않기, 아이에게 사랑한다고 말하기, 인터넷 대신 책 보기 등등이요. 못 지켰다고요? 괜찮아요. 다시 목표를 세우면 되니까요.

부모 에세이

어렸을 때 방학이 되면 가장 먼저 하는 일이 생활 계획표를 짜는 것이었다. 몇 시에 일어나고 몇 시에 밥을 먹고 몇 시간 공부와 운동을 하며 몇 시에는 잠자리에 든다는 빽빽한 생활 계획표는 방학이 시작하면 그야말로 작심삼일이 되어 그저 벽에 붙어 있는 장식이 되곤 했다.

어른이 되어서도 작심삼일은 비슷하다. 외국어 꾸준히 배우기, 다이어트하기, 운동하기, 책 읽기 등 하루에 열두 가지도 넘게 결심한다. 하지만 제대로 지키는 것은 하나도 없다. 다른 일이 더 급해서, 하는 일이 너무 많아서, 귀찮아서, 아파서, 너무 어려워서 혹은 너무 쉬워서 계획은 3일을 넘지 못한다.

아이에게 성실함과 부지런함을 가르치려면 나부터 작심삼일을 넘어서야 할 것 같다. 내가 할 수 있는 것으로 단기간부터 목표를 세워 보면 어떨까? 하루에 한 페이지씩 일주일 동안 책 읽기, 하루에 영어 단어 하나씩 열흘간 외우기, 줄넘기 100개씩 보름간 하기 등등. 또 일정한 시간을 정해 두면 더욱 도움이 되는 듯하다. 아무 때나 할 수 있다는 것은 아무 때도 못한다는 뜻이다. 아침에 눈 뜨자마자, 혹은 오전 10시에, 오후 3시에, 자기 직전에 등등 자기가 할 수 있는 시간을 정해 두고 계획을 실천해 보자.

딱 3일만 넘어서면 이미 작심삼일의 징크스를 넘은 것이다. 습관이 자리 잡으려면 21일을 꾸준히 해야 한다고 한다. 작심삼일을 일곱 번 하다 보면 내 삶에도 좋은 습관 하나가 자리 잡지 않을까?

26

조삼모사

朝三暮四

아침에 세 개 주고 저녁에 네 개 준다

이렇게 만들어졌어요

송나라에 원숭이를 좋아하는 저공이라는 사람이 있었다. 저공은 원숭이가 많아지자 먹이를 마련하는 일이 힘들어졌다. 할 수 없이 저공이 원숭이들에게 말했다.

"앞으로는 너희들에게 도토리를 아침에 3개, 저녁에 4개 주려고 한다. 어떠냐?"

그러자 원숭이들이 배가 고파 그럴 순 없다고 화를 냈다. 저공이 다시 말했다.

"알겠다. 그러면 아침에 4개, 저녁에 3개씩 주도록 하마."

그제야 원숭이들은 기뻐했다. 조삼모사란 저공의 입장에서는 간사한 꾀로 남을 속이는 것, 원숭이의 입장에서는 당장 눈앞에 보이는 이득에 속는 어리석음을 말한다.

이럴 때 써요

"원 플러스 원은 결국 조삼모사인 마케팅 전략이다."

"무료 배달이라고 하더니 배달 제품의 가격이 더 높게 책정되어 있다. 이는 조삼모사다."

"조삼모사에 현혹되지 말고, 크고 길게 봤을 때 이익이 되는 방법을 잘 선택해야 한다."

이렇게 써요

12획 朝 朝 朝 朝 朝 朝 朝 朝 朝 朝 朝 朝

아침 조	朝	朝				

3획 三 三 三

셋 삼	三	三				

14획 暮 暮 暮 暮 暮 暮 暮 暮 暮 暮 暮 暮 暮 暮

저녁 모	暮	暮				

5획 四 四 四 四 四

넷 사	四	四				

조삼모사	朝	三	暮	四

오늘의 짝꿍 활동

1 식판에 여러 가지 반찬이 있어요. 그중 좋아하는 반찬을 먼저 먹는 편인가요, 아니면 아끼다가 나중에 먹는 편인가요? 왜 그렇게 하는지 이유를 이야기해 봅시다.

2 조삼모사 이야기에서 저공이 기르던 원숭이들은 왜 아침에 3개, 저녁에 4개 먹는 것보다 아침에 4개, 저녁에 3개 먹는 것이 낫다고 했을까요? 그 이유에 대해 자녀와 함께 이야기 나누어 봅시다.

대화는 이렇게!

원숭이들이 어리석어 덧셈을 못하기 때문이라고 생각하는 것이 일반적이지만, 다양하게 생각해 볼 수 있어요. 아이와 함께 원숭이들이 그렇게 생각한 이유를 창의적으로 생각해 보세요. 원숭이도 다이어트하느라 저녁에 조금 먹을 수도 있고, 아침에 많이 먹어야 낮에 더 활발히 활동하기 때문이라고 생각할 수도 있지요.

무엇보다 원숭이들은 저공이 원숭이들의 의견을 듣고 아침과 저녁의 도토리 개수를 바꾸어 준 것만 해도 마음이 풀렸을 거예요.

"내가 너희들 먹여 살릴 식량이 모자란다잖아. 잔말 말고 그냥 주는 대로 먹어!"

저공이 이렇게 윽박질렀다면 원숭이들은 더 난리 쳤을 수도 있어요.

아이가 무언가를 하기 싫다고 하면 왜 그런지 이야기를 들어 보고 협상의 과정을 거치면 어떨까요? 아이는 부모가 이야기를 들어 주는 것만으로도 마음이 풀릴 수 있으니까요.

3 원숭이가 주인공인 동화책을 찾아 자녀와 함께 읽어 봅시다.

27

죽마고우

竹馬故友

죽마를 타고 놀던 옛날 친구

이렇게 만들어졌어요

간문제는 진나라 12대 황제이다. 신하 환온은 촉나라 땅을 평정하고 돌아온 뒤라 임금도 함부로 할 수 없을 정도의 세력이 되었다. 간문제는 환온을 견제하기 위해 은호라는 사람을 양주 자사에 임명하고 높은 관직을 내리는 등 대우를 잘해 주었다. 학식과 재능이 뛰어난 은호는 환온의 어릴 적 친구였으나 그때부터 환온과 원수가 되었다.

그때 주변 나라에서 내분이 일어나자 간문제는 은호를 장군에 임명하여 그곳을 점령하게 하였다. 그러나 은호가 군사를 이끌고 나가다가 말에서 떨어져 다치는 바람에 제대로 싸우지도 못하고 크게 패하고 말았다. 환온은 기다렸다는 듯이 은호를 규탄하는 상소를 올려 그를 멀리 귀양 보냈다. 그러고는 이렇게 말했다.

"은호는 나와 어릴 때 죽마를 타고 놀던 친구였지만, 내가 죽마를 버리면 은호가 늘 가져가곤 했다. 그러니 그가 내 밑에서 고개를 숙이는 것은 당연하다."

환온이 은호를 끝내 불러들이지 않는 바람에 결국 은호는 귀양지에서 삶을 마쳤다.

죽마고우는 어릴 적 장난감을 같이 갖고 놀던 친한 친구를 말한다.

이럴 때 써요

"나이가 들수록 죽마고우가 좋다."

"죽마고우를 오랜만에 만나니, 눈물이 왈칵 났다."

"두 선수는 어릴 때부터 큰 대회에서 자주 만나 죽마고우가 되었다."

이렇게 써요

6획 竹竹竹竹竹竹

대나무 죽	竹	竹				

10획 馬馬馬馬馬馬馬馬馬馬

말 마	馬	馬				

9획 故故故故故故故故故

옛 고	故	故				

4획 友友友友

벗 우	友	友				

죽마고우	竹	馬	故	友

오늘의 짝꿍 활동

1 '죽마'란 요즘으로 말하자면 세발자전거나 킥보드에 해당합니다. 어릴 적 친구들과 같이 갖고 놀던 장난감이 무엇이 있는지 이야기 나누어 봅시다.

2 지금도 만나는 죽마고우 이야기를 아이에게 들려주세요. 그리고 오래된 친구의 소중함을 자녀에게 이야기해 주세요.

3 죽마고우는 어릴 적부터 사귄 오래된 친구예요. 이처럼 친구에 관한 고사를 더 찾아서 읽어 봅시다.

예) 지란지교(芝蘭之交)
관포지교(管鮑之交)
수어지교(水魚之交)

부모 에세이

죽마고우 고사가 어릴 적 사귄 친한 친구라는 정도로만 알고 있는 사람이 많을 것이다. 죽마고우 자체는 그런 뜻이지만 고사의 끝은 별로 좋지 않다. 고사 속 환온은 은호를 친구가 아니라 자기보다 낮은 사람으로 생각했고, 친구가 잘되는 것을 시기하거나 견제했다. 믿음이 없었던 것이다.

아이가 자라면서 갖는 가장 큰 재산은 친구일 것이다. 요즘처럼 형제가 별로 없고 외동인 경우에는 더욱 그렇다. 좋은 친구 셋을 얻으면 성공한 인생이라는 말이 있을 정도로 친구의 소중함은 아무리 강조해도 지나치지 않다.

그런데 아이가 친구와 지내다 보면 아무래도 티격태격할 때가 생길 수밖에 없다. 아주 친한 친구라도 섭섭한 일이 생길 수 있고, 괘씸하게 느껴질 때도 있다. 나 또한 그랬다. 우리 아이와 제일 친하다고 생각했는데 조별 과제를 할 때는 다른 아이와 냉큼 짝을 하는 친구가 있었는데 너무 섭섭했다. 또 생일이라고 초대했는데 다른 일이 있다며 갑자기 오지 않은 아이도 있었는데 너무 괘씸했다. 어른인 나도 이렇게 섭섭한데 아이는 오죽할까 싶어서 그럴 때마다 아이의 눈치가 보였다.

그런데 아이는 나보다 훨씬 쿨했다. 돌아보니 내 아이가 성격이 좋아서 그런 것이 아니라, 아이들 세계에서는 그런 일들이 그다지 큰일도 아니고 섭섭한 일도 아니었다. 아이 입장에서도 매번 같은 친구와 조를 이루는 것보다 여러 친구와 조별 과제를 하는 것이 더 나을 것이고, 급한 일이 생겼으면 이번이 아니라 다음에 같이 놀면 되는 일이다.

혹시 그럴 때 아이가 섭섭한 마음을 갖더라도, 부모는 아이의 섭섭함에 동조하여 친구를 원망하면 안 된다.

"그 아이가 정말 급한 일이 있었나 보다."

"여러 친구들과 조별 과제를 해 보면 더 좋지."

부모가 대범하게 바라봐야 아이의 그릇도 커지고 인간관계도 원만해진다. 먼저 우리 아이의 그릇이 커져야 좋은 친구가 많아진다. 우리 아이도 친구의 생일에 갑자기 못 갈 수 있고, 다른 친구와 조별 과제를 수행할 수도 있다. 친구에 대한 믿음만 있다면 그런 일은 중요치 않을 것이다.

죽마고우 고사의 마지막은 참 씁쓸하다. 환온은 은호를 친구라 생각했던 적이 있을까? 자기가 버린 죽마를 주워 가는 불쌍한 아이 정도로만 생각했을까? 은호는 임금이 환온을 견제할 때 친구로서 그를 믿는 변호를 했을까? 아무래도 그들은 진짜 친구는 아니었던 듯싶다.

우리 아이에게는 진짜 죽마고우가 많으면 좋겠다.

28

청출어람

靑出於藍

**쪽에서 나온 푸른색이
쪽보다 푸르다**

이렇게 만들어졌어요

원래 '청출어람 청어람(靑出於藍 靑於藍)'에서 나온 말이다. 즉 푸른색은 쪽빛에서 나왔으나 쪽빛보다 파랗다는 뜻이다. 예전에는 염색에 쓸 푸른색 물을 만들 때 '쪽'이라는 풀을 사용했다. 쪽을 찧어 물에 담가 놓으면 파란 물이 나오는데, 이 물의 색이 원래 풀보다 더 파랗다는 것이다.

나아가 스승이나 부모에게 배운 제자나 아이가 본래의 가르침을 준 사람보다 더 뛰어난 실력을 가지게 되었음을 말한다.

이럴 때 써요

"모든 선생님들은 제자들의 청출어람을 꿈꾼다."

"아버지와 자식이 대를 이어 국가대표를 하는데, 청출어람인지 자식이 더 잘한다."

"제자가 나와 같은 노래를 불렀는데 가히 청출어람이라 할 만했다."

이렇게 써요

8획 靑 靑 靑 靑 靑 靑 靑 靑

푸를 청	靑	靑				

5획 出 出 出 出 出

나올 출	出	出				

8획 於 於 於 於 於 於 於 於

어조사 어	於	於				

17획 藍 藍 藍 藍 藍 藍 藍 藍 藍 藍 藍 藍 藍 藍 藍 藍 藍

쪽빛 람	藍	藍				

청출어람	靑	出	於	藍

오늘의 짝꿍 활동

1 원곡과 리메이크곡이 있는 노래를 자녀와 함께 찾아보고 두 노래를 모두 들어 보세요. 원래의 곡보다 더 좋게 들리는 리메이크곡이 있다면 어떤 점이 좋았는지 함께 이야기해 봅시다.

2 쪽과 푸른색 물처럼 원래의 것보다 더 나아진 것은 무엇이 있는지 찾아봅시다.

3 우리 아이가 엄마, 아빠보다 어떤 점이 나은지 찾아보세요. 아무리 작은 것이라도 괜찮아요. 속눈썹이 길다든지, 손톱이 예쁘다든지, 발음이 좋다든지, 잠을 곱게 잔다는 것도 좋습니다. 되도록 많이 찾아서 칭찬해 주세요.

《아들아! 너는 나를 능가해 다오》

어릴 적 우리 집에 꽂혀 있던 책 제목이다. 유태인의 교육법에 관한 책이었는데, 책을 읽지는 않았다. 하지만 지금까지 책 제목만은 나의 머리에 강하게 남아 있다. 우리 부모님의 마음이었을 것 같고, 지금의 내 마음이다. 아마 모든 부모의 소망일 듯싶다.

모든 면에서 우리 아이가 나보다 뛰어나길 바라지만, 특히 나보다 나았으면 하는 것이 있다. 나의 좁은 마음과 기우는 닮지 않았으면 한다. 나는 걱정을 당겨서 하는 스타일이라 계획을 꼼꼼히 세우는 편이다. 거기서 그치면 좋은데 계획을 제대로 실행하지 못하게 하는 방해 요소를 견디기 힘들다. 내 계획에 차질을 주는 요소들을 미워하기도 하고, 제대로 실행하지 못한 내가 부끄럽기도 하다. 어차피 계획은 계획대로 되지 않는 것이 인생인데, 그걸 포용하고 수용하는 능력이 많이 부족하다.

우리 아이는 그런 면에서 나보다 낫다. 한번은 남편이 나와 아이를 데리러 오기로 했다. 남편의 차를 기다리는데 앞에 차가 한 대 와서 섰다. 아이는 말릴 사이도 없이 그 차 뒷자리에 올라탔는데, 우리 차와 겉모습이 똑같은 다른 사람의 차였다. 아이가 헷갈린 것이었다. 차에 타고 있던 분이 처음엔 당황했다가 나중엔 껄껄 웃으며 아이를 내리게 했다. 나는 아이가 모르는 사람의 차에 타서 무안해하지 않을까 걱정이 되었다. 아이는 처음에는 좀 민망해했지만 이내 이렇게 말했다.

"괜찮아. 다른 사람 차는 안이 이렇게 생겼구나 하고 봐서 좋았어."

아이가 자기 마음 편하려고 그렇게 생각해 버리는 것이겠지만, 나는 그 능력이 놀라웠다. 나 같으면 부끄러워서 다음 날까지 이불 킥을 할 것 같은데, 아이는 나름의 좋은 점을 찾아 생각을 바꾼 것이다.

이후 나는 아이의 그 장점을 계속 언급하며 칭찬해 주었다.

"너는 일어난 일에 대해 긍정적으로 받아들이는 힘이 있더라."

대회에서 최선을 다했지만 상을 받지 못하면 아이는 섭섭해하면서도 "그래도 좋은 경험이었어요."라고 말하고, 원하는 것이 품절이라 얻지 못해도 "다음에 더 좋은 게 나오겠죠."라고 한다.

이제는 내가 아이에게서 긍정의 힘을 배운다.

29

타산지석

他山之石

다른 산의 돌

이렇게 만들어졌어요

《시경》에 나오는 〈학명〉이라는 시의 구절에 타산지석이라는 말이 나온다. 다른 산의 돌이라도 구슬 가는 숫돌이 될 수 있다는 뜻이다. 즉 자기 산이 아니라 남의 산에 있는 돌, 그것도 울퉁불퉁한 못난 돌이라도 나의 구슬을 갈고 만드는 데 큰 도움이 되는 것을 말한다.

지금은 모범이 되지 않는 다른 사람의 말이나 행동, 실수라도 자신에게 큰 교훈과 도움이 될 수 있다는 뜻이다.

이럴 때 써요

"그 지역의 침수 피해를 타산지석 삼아 앞으로 홍수에 대한 대비를 철저하게 하기 바란다."

"위기에 잘 대처한 사례에서는 성공의 노하우를, 잘못 대처한 사례에서는 타산지석의 교훈을 얻을 수 있다."

"문제가 생겼을 때 이를 어떻게 타산지석으로 삼느냐에 따라 또 다른 문제를 막을 수 있다."

이렇게 써요

5획 他他他他他

다를 타	他	他				

3획 山山山

산 산	山	山				

4획 之之之之

갈 지	之	之				

5획 石石石石石

돌 석	石	石				

타산지석	他	山	之	石

오늘의 짝꿍 활동

1 다른 사람의 모습을 보고 내 행동을 고쳤던 일이 있나요? 그런 경험이 있다면 자녀와 함께 이야기해 봅시다.

2 예전에 잘못했던 경험을 바탕으로, 방법을 바꾸어 더 좋은 결과를 얻었던 일이 있나요? 그 경험을 자녀와 함께 이야기 나누어 봅시다.

대화는 이렇게!

밤새워 공부했더니 다음 날 정신이 없어 시험을 망쳤다든가, 너무 미리 준비해서 막상 당일에는 준비한 것이 제대로 기억나지 않았다든가 하는 자신의 실수담을 자녀에게 들려주세요. 단 자녀의 잘못을 예로 들어서 잔소리나 꾸지람을 하지는 말아 주세요. 즐거운 대화 시간이 훈계 시간이 되어선 안 되니까요.

3 쓸모없다고 버려진 물건들이 새로운 예술 작품으로 태어나기도 합니다. 자녀와 함께 재활용품을 이용해 멋진 작품을 만들어 봅시다.

부모 에세이

어릴 적 내가 부모님께 이런저런 이유로 혼나고 있으면 나와 다섯 살 터울인 막냇동생은 갑자기 얌전히 책을 읽거나 공부를 했다. 지금 생각하면 어린 나이에도 눈치를 보며 제 살길 찾아가는 모습이 귀여운데, 그 순간에는 혼나고 있는 바로 내 옆에서 누가 봐도 칭찬할 일을 하고 있는 막냇동생이 참 얄미웠다. 동생은 아마 나를 타산지석 삼았을 것이다. '언니처럼 하면 혼나는구나, 나는 언니처럼 하지 말아야지' 이런 생각을 하지 않았을까.

지금도 타산지석 삼을 일은 참 많다. 그런데 아이 앞에서 부모가 조심해야 할 것은 아이 앞에서 사람을 두고 타산지석의 예로 삼는 것이다. 타산지석이란 옳지 않은 사례를 보고 자기는 그렇게 하면 안 되겠다 하며 교훈을 얻는다는 뜻이다. 따라서 다른 사람의 일이 안 좋은 사례로 등장하므로 이를 조심해야 한다.

더럽고 위험하고 힘든 일일수록 우리 사회에 꼭 필요한 업무인 경우가 많다. 그러한 업무를 담당하는 분의 말씀을 들은 적이 있다. 지나가던 엄마가 아이에게 큰 소리로 이렇게 혼냈다고 한다.

"너, 공부 열심히 하고 엄마 말 잘 들어. 안 그러면 저 아저씨처럼 되는 거야."

그 순간 그분은 뒤통수를 맞은 듯 멍했다고 한다. 당연히 그러했을 것이다. 성실히 일하며 자신의 삶을 꾸리고 사회에 건전하게 이바지하고 있는데, 그 몰상식한 엄마의 눈에는 자신의 아이가 커서 되지 말아야 할 직업으로 보였나 보다. 그런 엄마에게 잘못된 가치관을 배울 아이가 참 불쌍하다.

타산지석이란, 어떤 직업이나 사람의 성향에 대해 할 말은 아니다. 실수나 사회적 구조에 대해 해야 할 말이다. 사람이 직접 언급될 때에는 더욱 신중해야 한다.

"너, 잘못하면 저렇게 된다."

이 말은 절대 타산지석이 아니다. 남을 아프게 하는 화살이다.

30

형설지공

螢雪之功

반딧불과 눈빛으로 공부한다

이렇게 만들어졌어요

진나라의 차윤이라는 소년은 집안이 매우 가난했다. 등불을 켤 기름 살 돈조차 없었지만 차윤은 밤에도 책을 읽으며 공부하고 싶었다. 그래서 얇은 주머니를 만들어 그 속에 반딧불이를 수십 마리 잡아 집어넣었다. 반딧불이를 모아 책을 비추니, 그런대로 읽을 만했다. 차윤은 그렇게 열심히 공부하여 상서랑이라는 높은 관직까지 오르게 되었다.

같은 시대 손강이라는 소년 또한 집안이 가난하여 등불을 켤 수 없었다. 손강은 고민 끝에 추운 겨울날 문을 열고 하얗게 내린 눈에 반사된 달빛으로 책을 읽었다. 이렇게 열심히 공부한 손강도 어사대부라는 장관이 되었다.

형설지공이란 차윤과 손강처럼 힘든 환경 속에서 고생을 하면서도 열심히 공부하여 성과를 이룬 것을 가리킨다.

이럴 때 써요

"필리핀의 한 소년이 가게에서 새어 나오는 불빛을 이용해 공부하여 현대판 형설지공으로 주목받고 있다."

"그 가수는 온 가족이 단칸방에서 살았기 때문에 화장실에서 노래 연습을 했다고 한다. 형설지공의 노력이 대단하다."

"태풍도 이긴 형설지공! 만학도들이 태풍 피해와 어려움을 무릅쓰고 학교에 등교하는 열정을 보였다."

이렇게 써요

16획 螢螢螢螢螢螢螢螢螢螢螢螢螢螢螢螢

반딧불이 형	螢	螢				

11획 雪雪雪雪雪雪雪雪雪雪雪

눈 설	雪	雪				

4획 之之之之

갈 지	之	之				

5획 功功功功功

공로 공	功	功				

형설지공	螢	雪	之	功

오늘의 짝꿍 활동

1 손강과 차윤이 공부하고 싶어도 공부할 수 없었던 것은 가난 때문이었지요. 요즘 우리 아이의 공부 의지를 방해하는 요소에는 무엇이 있는지 자녀에게 물어봅시다.

대화는 이렇게!

옛날에 비해 환경이 좋아졌다고 하지만, 요즘 아이들이 공부하기에는 훨씬 힘든 환경 같아요. 부모 세대에서는 공부의 방해 요소가 기껏해야 놀이터나 TV 정도였을 거예요. (게다가 24시간 나오는 채널도 없었지요.)

그런데 요즘 아이들은 손가락만 까딱하면 마음껏 놀 수 있는 우주가 펼쳐집니다. TV뿐만 아니라 휴대폰, 게임기, 인터넷, PC방 등등 헤아릴 수 없을 정도지요. 대부분의 부모님은 아이에게 휴대폰이나 게임기의 용도, 사용 시간 등을 제한합니다. 그 정도는 아이의 의지로 극복해야 한다는 거예요. 이건 마치 목이 말라 침조차 넘길 수 없는 사람에게 깨끗하고 시원한 물을 쥐어 주며 절대 마시지 말라는 것과 같아요. 배가 고파 허리가 휠 지경인 사람에게 따끈따끈하고 맛있는 밥 한 상을 차려 주며 딱 한 숟갈만 먹으라는 것과 같은 거지요. 이게 가능한 일일까요?

요즘 우리 자녀 또한 힘든 환경에서 공부하고 있다는 것을 인정해 주고, 그 유혹을 이겨 내는 힘을 칭찬해 줍시다.

2 어려운 환경을 극복하고 힘들게 공부했던 경험이 있나요? 어떤 환경이었는지, 어떻게 극복했는지 자녀와 간단히 이야기 나눠 봅시다.

3 우리 주변에는 공부하고 싶어도 힘든 환경 때문에 학업을 이어 나가지 못하는 아이들이 있어요. 그런 아이들에게 어떻게 도움을 줄 수 있을지 자녀와 함께 방법을 찾아봅시다.

부모 에세이

우리 집에는 우리 아이의 사진 외에도 우리 식구들의 이름으로 후원하고 있는 아이들의 사진이 책장 위에 같이 놓여 있다. 우리나라 아이도 있고, 동남아와 아프리카 아이도 있다.

우리 아이는 고등학교까지 무상 교육을 받고, 급식도 무료로 먹을 수 있다. 또한 좋은 선생님께 인터넷 강의도 얼마든지 들을 수 있고, 문제집도 넘쳐 난다. 손강이나 차윤처럼 불이 없어 공부하지 못할 일은 없고, 오히려 넘치는 좋은 환경을 제대로 이용하지 못해서 안타까울 정도이다.

그러나 주변을 둘러보면 아직도 형설지공, 주경야독을 하는 아이들이 있다. 세계 곳곳에는 아직도 신발이 없어 맨발로 먼 길을 걸어가 물을 긷는 아이도 있고, 연필과 종이가 귀해 흙바닥에 나뭇가지로 글을 쓰며 공부하는 아이도 있다. 우리 아이에게는 흔한 문제집 한 권이 어떤 아이에게는 참 귀할 수도 있다.

작은 도움이나마 매달 후원하여 그 아이들도 교육의 기회를 얻게 된다면 미래의 손강이나 차윤이 되지 않겠는가? 작고 미미한 도움이지만, 그 아이의 세계는 조금 달라지지 않겠는가? 나는 내 아이가, 더 나아가 많은 아이들이 고생하며 공부하는 친구들에게 반딧불이와 눈을 나누어 줄 줄 아는, 따뜻한 마음을 가진 아이로 자라기를 바란다.

다음에 또 만나요~!